高等学校机械类专业系列教材

AutoCAD工程制图与实践

● 主　编　李晓玲　杨晓龙

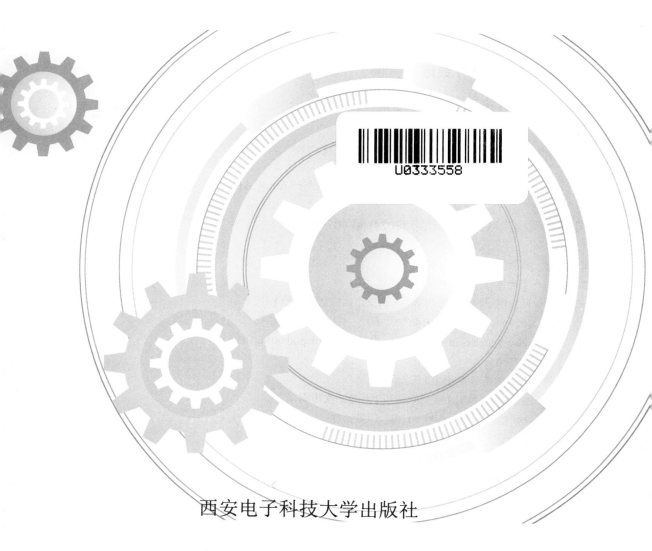

西安电子科技大学出版社

内 容 简 介

本书介绍计算机绘图知识和技能，且通过规范制图的强化训练，培养工程制图的工匠精神。全书分两大部分：第一部分主要介绍 AutoCAD 基本操作和技能，包括 AutoCAD 2020 入门基础、绘图环境设置、图形绘制、图形编辑与修改、工程标注、图块操作以及图形输出与打印等；第二部分主要是应用 AutoCAD 进行工程制图的实战训练，包括零件工程图绘制、装配图绘制以及机件表达实践训练等。

本书依托"知识＋能力＋价值观"的三位一体教学模式组织内容，案例丰富，紧贴行业应用。本书适用于机械类、近机类等高等院校本科生的教学和实践，也可作为 AutoCAD 及机械制图培训教材或工程技术人员学习计算机制图技术的参考书。

图书在版编目 (CIP) 数据

AutoCAD 工程制图与实践 / 李晓玲，杨晓龙主编 . -- 西安：西安电子科技大学出版社，2024.2
ISBN 978 - 7 - 5606 - 7135 - 2

Ⅰ. ①A… Ⅱ. ①李… ②杨… Ⅲ. ①工程制图—AutoCAD 软件 Ⅳ. ① TB237

中国国家版本馆 CIP 数据核字 (2024) 第 007994 号

策　　划　黄薇谚
责任编辑　宁晓蓉
出版发行　西安电子科技大学出版社 (西安市太白南路 2 号)
电　　话　(029)88202421 88201467　　邮　　编　710071
网　　址　www.xduph.com　　电子邮箱　xdupfxb001@163.com
经　　销　新华书店
印刷单位　咸阳华盛印务有限责任公司
版　　次　2024 年 2 月第 1 版　2024 年 2 月第 1 次印刷
开　　本　787 毫米 ×1092 毫米　1/16　印张　11
字　　数　256 千字
定　　价　35.00 元
ISBN　978 - 7 - 5606 - 7135 - 2 / TB
XDUP 7437001-1

＊＊＊如有印装问题可调换＊＊＊

前　言

以大数据、云计算、人工智能技术为代表的新一轮技术革命正在推动产业变革，高校应用型人才培养的实际工作必须要适应这样的变革。尤其在经济全球化趋势面前，在数字化时代到来之际，应用型人才的培养问题更显突出，这是达成"两个一百年"奋斗目标以及实现从大国到强国伟大飞跃的前提。

AutoCAD 是目前应用较为广泛的计算机绘图软件之一，是相对于手工绘图而言的一种高效率、高质量的绘图技术，是每个工程技术人员必须掌握的现代绘图工具。如何在短时间内高效学习，并快速掌握 AutoCAD 软件的使用方法和绘图技巧，是编写过程中作者一直思考和探索的问题。

本书以"能力达成，强化应用"为原则组织教学内容，结合成果导向教育 (Outcome Based Education，OBE) 理念，融入党的二十大精神和思政元素，将工程制图理论与计算机绘图实践有机结合，突出知识应用与技能培养，树立学生的社会责任心，培养职业操守与文化内涵，构建"知识 + 能力 + 价值观"三位一体的计算机制图教学模式，真正做到工程实践训练的实用新形态。

本书以 AutoCAD 2020 为平台，结合工程制图的教学实践经验，针对应用型本科教学的实际情况，精心选取了一批有代表性的典型图例和操作练习。在第一部分的各章节安排了"操作练习与知识巩固"，以期举一反三，在巩固所学知识的同时，强化绘图技能和解决问题的能力；在第二部分的各章节中，注重工程能力的培养，通过明确"实践内容"、拟定"实践步骤"、设立"实践目标"等训练环节，使学生在掌握计算机绘图技能的基础之上，不断提高工程图的阅读和表达能力，养成遵守国家制图标准的意识和习惯。

本书由李晓玲、杨晓龙主编，李晓玲编写了第 1、9、10 章，杨晓龙编写了第 2、3、8 章。参编人员分工：杨春燕编写第 4 章、张孝林编写第 5 章、赵坤编写第 6 章、王巧云编写第 7 章。全书由李晓玲统稿。在本书编写的过程中，得到了同行和学校领导的大力支持，在此表示衷心的感谢。

由于编者水平有限，书中难免存在不足之处，敬请读者批评指正，我们将非常感谢。

编　者
2023 年 8 月

目　录

第一部分　AutoCAD 2020 软件操作

第 1 章　AutoCAD 2020 入门基础 ································· 2

1.1　AutoCAD 2020 绘图界面 ··································· 2

1.1.1　应用程序菜单 ·· 3

1.1.2　快速访问工具栏 ······································ 4

1.1.3　标题栏 ·· 4

1.1.4　菜单栏 ·· 4

1.1.5　功能区 ·· 4

1.1.6　绘图区 ·· 5

1.1.7　命令提示行 ·· 7

1.1.8　状态栏 ·· 7

1.1.9　工具栏 ·· 7

1.1.10　快捷菜单 ··· 8

1.2　命令的输入与执行 ·· 8

1.2.1　命令的输入方式 ······································ 8

1.2.2　命令的执行和中断 ···································· 9

1.3　坐标系统 ·· 9

1.4　图形中点的精确输入 ····································· 10

1.4.1　坐标输入方式 ······································· 10

1.4.2　利用状态栏相关按钮功能精确定位 ····················· 11

1.4.3　利用"对象捕捉"工具栏按钮功能精确定位 ·············· 13

1.5　图形显示控制 ··· 14

1.6　文件管理 ··· 14

1.6.1　新建文件 ··· 14

1.6.2　保存文件 ··· 15

1.6.3　打开文件 ··· 16

1.7　操作练习与知识巩固 ····································· 17

第 2 章　绘图环境设置 ······································ 19

2.1　设置图形单位 ··· 19

2.2　设置绘图界限 ··· 20

2.3　设置与管理图层 ··· 21

2.3.1　创建图层 ··· 21

2.3.2　设置图层 ··· 22

1

    2.3.3　管理图层 ……………………………………………………………… 26

  2.4　配置系统选项 ……………………………………………………………… 27

  2.5　操作练习与知识巩固 ……………………………………………………… 29

第3章　图形绘制 …………………………………………………………… 31

  3.1　绘制直线 …………………………………………………………………… 32

    3.1.1　绘制直线 (Line) ………………………………………………………… 32

    3.1.2　绘制多线 (Mline) ……………………………………………………… 32

  3.2　绘制曲线 …………………………………………………………………… 35

    3.2.1　绘制圆 (Circle) ………………………………………………………… 35

    3.2.2　绘制圆弧 (Arc) ………………………………………………………… 35

    3.2.3　绘制椭圆 (Ellipse) ……………………………………………………… 36

  3.3　绘制多段线 (Pline) ………………………………………………………… 36

  3.4　绘制多边形 ………………………………………………………………… 37

    3.4.1　绘制矩形 (Rectangle) …………………………………………………… 37

    3.4.2　绘制正多边形 (Polygon) ……………………………………………… 37

  3.5　绘制点 (Point) ……………………………………………………………… 38

  3.6　图案填充 (Hatch) ………………………………………………………… 39

  3.7　操作练习与知识巩固 ……………………………………………………… 40

第4章　图形编辑与修改 …………………………………………………… 42

  4.1　选择图形对象 ……………………………………………………………… 43

    4.1.1　使用点取法选择目标 …………………………………………………… 43

    4.1.2　使用窗口方式选择目标 ………………………………………………… 43

    4.1.3　使用选项法选择目标 …………………………………………………… 44

    4.1.4　通过快速构造选择集选择目标 ………………………………………… 45

  4.2　删除图形 …………………………………………………………………… 45

  4.3　复制图形 …………………………………………………………………… 46

    4.3.1　复制 (Copy) …………………………………………………………… 46

    4.3.2　镜像 (Mirror) ………………………………………………………… 47

    4.3.3　偏移 (Offset) …………………………………………………………… 47

    4.3.4　阵列 (Array) …………………………………………………………… 48

  4.4　移动图形 …………………………………………………………………… 51

    4.4.1　移动 (Move) …………………………………………………………… 51

    4.4.2　旋转 (Rotate) ………………………………………………………… 51

    4.4.3　拉伸 (Stretch) ………………………………………………………… 52

  4.5　修改图形 …………………………………………………………………… 53

    4.5.1　剪切 (Trim) …………………………………………………………… 53

    4.5.2　延伸 (Extend) ………………………………………………………… 53

　　4.5.3　打断 (Break) ……………………………………………………………… 54

　　4.5.4　圆角 (Fillet) ……………………………………………………………… 54

　　4.5.5　倒角 (Chamfer) …………………………………………………………… 55

　　4.5.6　比例缩放 (Scale) ………………………………………………………… 55

　4.6　改变对象的特性 …………………………………………………………………… 56

　　4.6.1　使用"特性"对话框改变对象的特性 …………………………………… 56

　　4.6.2　使用功能区中的"特性"或"图层"面板改变对象的特性 …………… 57

　　4.6.3　使用"特性匹配"功能改变对象的特性 ………………………………… 58

　4.7　操作练习与知识巩固 ……………………………………………………………… 59

第 5 章　工程标注 ………………………………………………………………………… 61

　5.1　文字注释 …………………………………………………………………………… 61

　　5.1.1　设置文字样式 (Style) ……………………………………………………… 61

　　5.1.2　创建文字注释 ……………………………………………………………… 62

　　5.1.3　编辑文本 (Mtedit) ………………………………………………………… 65

　5.2　表格 ………………………………………………………………………………… 67

　　5.2.1　设置表格样式 (Tablestyle) ………………………………………………… 67

　　5.2.2　创建表格 (Table) …………………………………………………………… 68

　　5.2.3　编辑表格 (Tabledit) ………………………………………………………… 69

　5.3　尺寸标注 …………………………………………………………………………… 72

　　5.3.1　设置标注样式 (Dimstyle) ………………………………………………… 72

　　5.3.2　尺寸类型与标注 …………………………………………………………… 75

　　5.3.3　基本标注 …………………………………………………………………… 76

　　5.3.4　引线标注 …………………………………………………………………… 78

　　5.3.5　尺寸编辑 …………………………………………………………………… 82

　5.4　操作练习与知识巩固 ……………………………………………………………… 83

第 6 章　图块操作 ………………………………………………………………………… 85

　6.1　创建与保存图块 …………………………………………………………………… 85

　　6.1.1　创建图块 (Block) …………………………………………………………… 85

　　6.1.2　创建并保存图块 (Wblock) ………………………………………………… 87

　6.2　插入图块 …………………………………………………………………………… 88

　6.3　设置图块属性 ……………………………………………………………………… 89

　　6.3.1　定义图块属性 ……………………………………………………………… 89

　　6.3.2　编辑属性的定义 …………………………………………………………… 91

　　6.3.3　编辑图块属性 ……………………………………………………………… 91

　6.4　操作练习与知识巩固 ……………………………………………………………… 94

第 7 章　图形输出与打印 ………………………………………………………………… 95

　7.1　模型空间和图纸空间 ……………………………………………………………… 95

7.2 图纸空间打印图形 ·· 95

7.3 模型空间打印图形 ·· 97

7.4 操作练习与知识巩固 ·· 99

第二部分 工程制图实战训练

第8章 零件工程图绘制 ··· 102

8.1 轴套类零件 ·· 102

8.1.1 轴套类零件概述 ·· 102

8.1.2 轴套类零件工程图绘制 ·· 102

8.2 轮盘类零件 ·· 106

8.2.1 轮盘类零件概述 ·· 106

8.2.2 轮盘类零件工程图绘制 ·· 106

8.3 叉架类零件 ·· 110

8.3.1 叉架类零件概述 ·· 110

8.3.2 叉架类零件工程图绘制 ·· 110

8.4 箱体类零件 ·· 114

8.4.1 箱体类零件概述 ·· 114

8.4.2 箱体类零件工程图绘制 ·· 114

第9章 装配图绘制 ··· 119

9.1 绘制低速滑轮装配图 ·· 119

9.1.1 低速滑轮的工作原理 ·· 119

9.1.2 低速滑轮工程图绘制 ·· 120

9.2 绘制滚轮架装配图 ··· 126

9.2.1 滚轮架的工作原理 ··· 126

9.2.2 滚轮架工程图绘制 ··· 126

9.3 绘制齿轮油泵装配图 ·· 133

9.3.1 齿轮油泵的工作原理 ·· 133

9.3.2 齿轮油泵工程图绘制 ·· 134

第10章 机件表达实践训练 ·· 146

10.1 典型零件的视图选择 ·· 146

10.2 典型零件表达综合实践 ·· 148

10.2.1 轴套类零件表达综合实践 ·· 148

10.2.2 轮盘类零件表达综合实践 ·· 149

10.2.3 叉架类零件表达综合实践 ·· 150

10.2.4 箱体类零件表达综合实践 ·· 152

10.3 装配图的视图选择 ··· 154

10.4 装配图综合实践 ··· 156

附录 项目实践自评表 ·· 167

参考文献 ·· 168

1

第一部分　AutoCAD 2020 软件操作

AutoCAD 是一款实践性很强的应用软件。若要掌握其使用的精髓，在熟悉基本命令和使用规则的基础上，更重要的是通过反复练习来掌握绘图方法和技巧。本部分共有 7 章，其内容紧扣能力达成目标，从简单图形到复杂图形，循序渐进，有利于学生掌握 AutoCAD 软件绘图的方法和技巧。绘制任何图形的方法和步骤都不是唯一的，希望读者能够独立思考，创造性地学习和应用，举一反三，发现更为方便、快捷的方法，提高绘图效率。

学习目标

1. 了解 AutoCAD 2020 的工作界面、命令操作、数据输入的方式；
2. 熟悉常用的绘图、编辑和尺寸标注命令，正确认识计算机绘图和手工绘图；
3. 掌握绘图辅助工具，能合理设置绘图样板。

达成能力

1. 具备绘制和编辑二维图形的能力；
2. 具备尺寸标注、图块操作以及图案填充的能力；
3. 具备绘图环境设置和图形输出与打印的能力。

价值观念

1. 感受科技的力量，深刻领会科技作为第一生产力的重要内涵，树立标准化和规范化的意识，能够以创新的方式运用所掌握的知识；
2. 培养勇于探索、刻苦钻研的学习态度和认真负责、一丝不苟的工作作风，提升专业技能和工程素养。

第1章 AutoCAD 2020 入门基础

熟悉基本操作方法，是学习和使用任何计算机工具软件的基础。为了尽快融入AutoCAD 2020 的绘图环境，在本章中将详细介绍 AutoCAD 2020 的绘图界面、文件管理、命令操作以及图形显示控制等内容，帮助读者打开进入 AutoCAD 的大门。

1.1 AutoCAD 2020 绘图界面

启动 AutoCAD 2020 后，计算机将显示如图 1-1 所示的工作界面，这就是 AutoCAD 2020 的应用程序窗口，也就是用户的绘图环境。这个工作界面包括应用程序菜单、快速访问工具栏、标题栏、菜单栏、功能区、绘图区、坐标系图标、命令提示行、状态栏等功能组件，用户可以使用应用程序菜单、快速访问工具栏和功能区等组件访问常用命令。

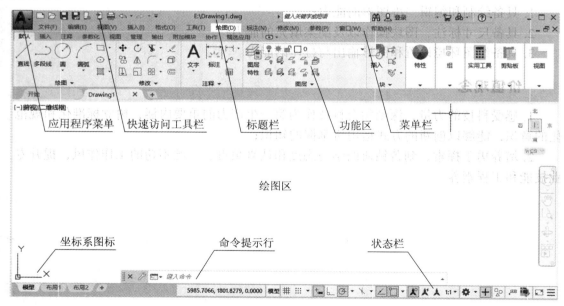

图 1-1　AutoCAD 2020 工作界面

注意：AutoCAD 2020 默认工作界面不显示菜单栏，用户可以单击快速访问工具栏右侧的下拉按钮，在下拉菜单中点击"显示菜单栏"，即可调出菜单栏，如图 1-2 所示。

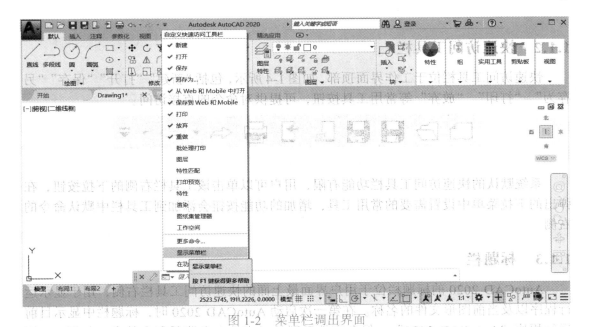

图 1-2　菜单栏调出界面

1.1.1　应用程序菜单

使用鼠标左键单击工作界面左上角图标 ，即可弹出应用程序菜单对话框，如图 1-3 所示。单击对话框中的相应命令按钮可以新建、打开和发布文件。在对话框上方的搜索框中可以对执行命令进行实时搜索。在搜索框下方的文件列表中可以查看、排序和访问最近打开的支持文件。

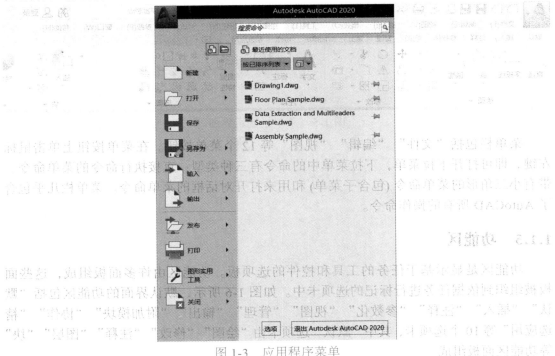

图 1-3　应用程序菜单

1.1.2　快速访问工具栏

快速访问工具栏位于工作界面顶部，如图 1-4 所示，包括"新建""打开""保存""另存为""打印""放弃"等常用工具按钮，可提供对命令的直接访问。

图 1-4　快速访问工具栏

系统默认的快速访问工具栏功能有限，用户可以单击该工具栏右侧的下拉按钮，在弹出的下拉菜单中设置需要的常用工具，增加的功能按钮会添加到工具栏中默认命令的右侧。

1.1.3　标题栏

AutoCAD 2020 的标题栏位于用户界面最上面的快速访问工具栏右侧，用于显示运行程序以及当前图形文件的名称。在第一次启动 AutoCAD 2020 时，标题栏中显示目前运行程序"AutoCAD 2020"，保存文件后则显示文件存盘路径和文件名，如图 1-1 标题栏中显示的 E:\Drawing1.dwg。标题栏右侧各按钮可用来实现最小化、最大化、还原和关闭。

1.1.4　菜单栏

AutoCAD 2020 经典菜单栏如图 1-5 所示。

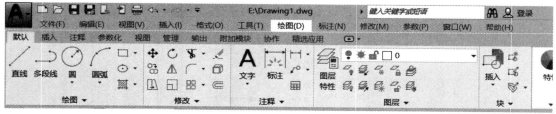

图 1-5　菜单栏显示界面

菜单栏包括"文件""编辑""视图"等 12 个菜单按钮。在菜单按钮上单击鼠标左键，即可打开下拉菜单，下拉菜单中的命令有三种类型：直接执行命令的菜单命令、带有小三角形的菜单命令 (包含子菜单) 和用来打开对话框的菜单命令。菜单栏几乎包含了 AutoCAD 所有的操作命令。

1.1.5　功能区

功能区是显示基于任务的工具和控件的选项板。功能区由许多面板组成，这些面板被组织到依据任务进行标记的选项卡中。如图 1-6 所示，默认界面的功能区包括"默认""插入""注释""参数化""视图""管理""输出""附加模块""协作""精选应用"等 10 个选项卡，其中"默认"选项卡由"绘图""修改""注释""图层""块"等功能区面板组成。

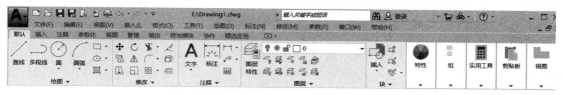

图 1-6　默认选项卡界面

用户可以根据工作需要关闭或打开选项卡和其中的功能区面板：将光标放在功能区面板的任意位置，单击鼠标右键，在弹出的快捷菜单中单击"显示选项卡"或"显示面板"下拉菜单中的相应项目，即可打开或关闭选项卡和功能区面板。项目前显示对勾的为打开状态，无对勾则表示关闭状态，如图 1-7、图 1-8 所示。

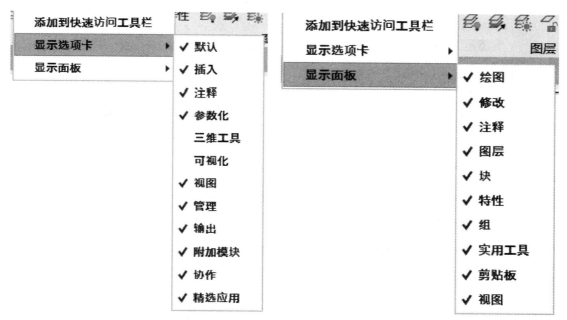

图 1-7　设置选项卡　　　　　　　　　　　　　　　图 1-8　设置功能区面板

1.1.6　绘图区

绘图区是用户绘图和进行编辑的工作区域。它位于屏幕中间的空白区，并占据了屏幕的大部分面积，用户绘制的图形将显示在这个区域内。利用视窗功能可使绘图区无限增大或减小，因此，无论多大的图形，都可置于其中。

绘图区中的十字光标的交点表示光标在当前坐标系中的位置，光标十字线方向与坐标系的轴平行。

绘图区默认为黑色背景，用户可以根据绘图习惯进行修改：在绘图区任意位置单击鼠标右键，在弹出的快捷菜单中选择"选项"(或在菜单栏中选择"工具"→"选项")，打开"选项"对话框，如图 1-9 所示；单击"选项"对话框中的"颜色"按钮，即可打开"图形窗口颜色"对话框，如图 1-10 所示，在"颜色"下拉列表中选择合适的背景颜色，然后单击"应用并关闭"按钮即可。

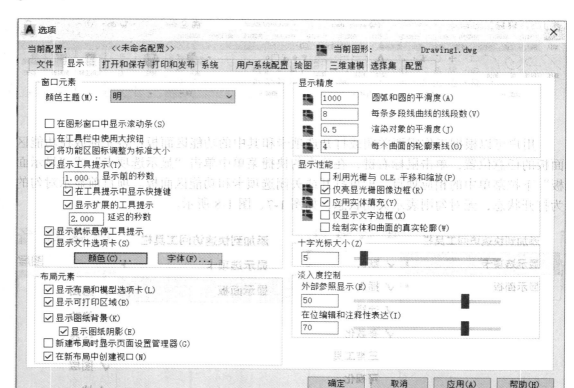

图 1-9   "选项"对话框

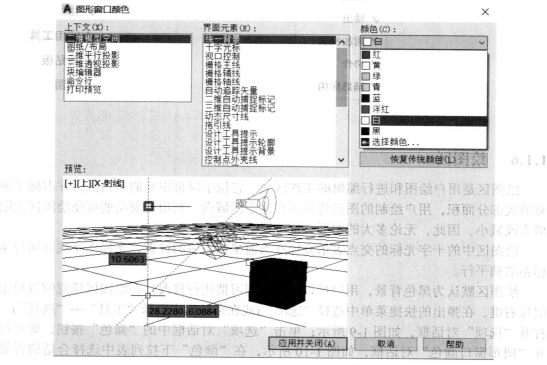

图 1-10   "图形窗口颜色"对话框

1.1.7 命令提示行

AutoCAD 通过命令提示行窗口反馈各种执行和出错信息，实现人机交互。绘图时，用户应时刻关注命令行的提示信息，以便准确快捷地绘图。默认工作界面中，命令提示行窗口位于绘图区的下方，由命令提示栏和历史窗口两部分组成，前者显示输入命令的内容及提示信息，后者存有程序启动后所用过的命令及提示信息，如图 1-11 所示。

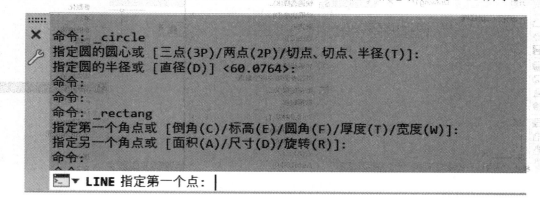

图 1-11 命令提示行窗口

1.1.8 状态栏

状态栏位于工作界面的最底部，共有 29 个功能按钮。默认界面不会显示所有状态栏中的工具，可以单击状态栏最右侧的"自定义"按钮，在弹出的菜单中选择需要关闭或打开的项目。对于模型空间和图纸空间，将显示不同的工具。

单击状态栏中的部分按钮，可以切换相应功能的开关状态。如图 1-12 所示，高亮显示按钮为打开状态，否则为关闭状态，如图 1-12 所示。

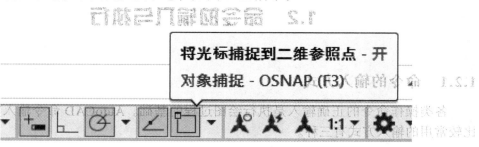

图 1-12 状态栏按钮"开""关"显示

1.1.9 工具栏

工具栏是各类命令按钮的集合，默认工作界面中不显示工具栏。单击菜单栏中的"工具"→"工具栏"→"AutoCAD"命令，可以打开所需要的工具栏，如图 1-13 所示。

打开的工具栏可以浮动在绘图区，也可以将其拖拽到绘图区边界，使其变为固定工具栏。单击工具栏上的按钮可以启动相应的命令。有些按钮右下角带有一个小三角，单击该按钮会打开相应的工具栏，如果按住鼠标左键，将光标移动到某一按钮上松开鼠标，该按钮就会成为当前按钮，单击即可执行相应命令。

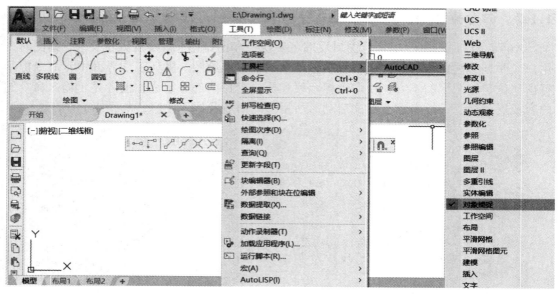

图 1-13　工具栏设置

1.1.10　快捷菜单

快捷菜单用来显示快速获取当前动作的有关命令。在屏幕的不同区域内单击鼠标右键时，可以显示不同的快捷菜单。快捷菜单上通常包含以下选项：重复执行输入的上一个命令；取消当前命令；显示用户最近输入的命令的列表；剪切、复制以及从剪贴板粘贴；选择其他命令选项；显示对话框，例如"选项"或"自定义"；放弃输入的上一个命令等。

1.2　命令的输入与执行

1.2.1　命令的输入方式

各类操作命令的正确输入是执行绘图过程的基础。AutoCAD 命令输入方法很多，比较常用的输入方式有三种。

1. 在命令提示行窗口中输入命令

在命令行窗口中输入命令时，字母不分大小写，例如直线命令为 Line。为了提高绘图速度，AutoCAD 提供了常用命令的简写字段 (快捷键)，可以在命令行窗口中输入命令的简写字母，快速输入命令。比如直线 L(line)、圆 C(circle)、圆弧 A(arc) 等。这种命令快捷键还有很多，有兴趣的用户可以进一步学习掌握。

2. 使用菜单栏输入命令

在工作界面的上方，每一个菜单栏的下拉菜单中，有不同的命令列表。同时，在屏幕的不同区域内单击鼠标右键，也可以显示不同的快捷菜单。左键单击下拉菜单或快捷菜单中的选项，即可快速输入命令。

3. 单击功能区面板或工具栏中的按钮输入命令

单击功能区面板"绘图"中的"直线"按钮可以执行绘制直线命令，如图 1-14 所示。单击"对象捕捉"工具栏中的"捕捉到端点"按钮，可以捕捉到对象的最近端点，如图 1-15 所示。

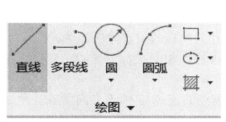

图 1-14　"功能区"输入"直线"命令　　　　图 1-15　"工具栏"捕捉"端点"

1.2.2　命令的执行和中断

AutoCAD 命令的执行过程采用命令提示行窗口的人机对话方式进行，执行完成后自动结束。如果执行过程中需要中断命令，可以通过键盘上的空格键、回车键或 Esc 键，也可以单击鼠标右键，在弹出的快捷菜单中选择相应的选项结束命令。

最常见、最基本的图形实体是直线。执行直线命令时，一次可以画一条直线，也可以连续画多条彼此间相互独立的线段。每条直线段的起点和终点位置可以通过鼠标拾取或用键盘输入。下面是直线命令的执行过程。

单击"绘图"功能区上的 ╱ 按钮 (或单击"绘图"→"直线"菜单命令，或单击绘图工具栏上的 ╱ 按钮，或在命令提示行输入 Line 并按回车键)，命令行出现以下提示符序列：

指定第一点：(请输入线段起点)

指定下一点或 [放弃 (U)]：(输入线段终点或输入"U"取消上一步指定的起点位置)

指定下一点或 [退出 (X)/ 放弃 (U)]：(输入线段终点或输入"U"取消上一步画线操作，或输入"X"退出画线操作，结束命令)

指定下一点或 [闭合 (C)/ 退出 (X)/ 放弃 (U)]：(输入线段终点或输入"C"自动形成闭合的折线，或输入"U"取消上一步画线操作，或输入"X"退出画线操作，结束命令)。

直线命令执行过程中，可以按键盘上的空格键、回车键或 Esc 键结束命令，也可以单击鼠标右键，在弹出的菜单中选择"确定"，结束直线操作。

1.3　坐　标　系　统

AutoCAD 采用两种坐标系，即世界坐标系 (WCS) 和用户坐标系 (USC)。世界坐标系是 AutoCAD 默认的基本坐标系，它由三个相互垂直相交坐标轴 X、Y、Z 组成，其中 X 轴正向水平向右，Y 轴正向垂直向上，Z 轴正向为垂直 XY 平面指向操作者，坐标系原点位于屏幕左下角。默认情况下，用户坐标系与世界坐标系是重合的。绘图时，用户可以根据需要在原有坐标系的基础上，通过改变坐标系的原点位置和坐标轴的方向来建立新的用户坐标系。

在绘图过程中，用户通常采用坐标输入来确定点的位置。常用的坐标输入法有绝对坐标和相对坐标，绘图过程中输入的坐标可以采用直角坐标或极坐标。

平面图形中，绝对坐标以坐标原点"0,0"作为基准点来确定点的位置，以"X，Y"的形式表示该点相对于原点的位移量。

相对坐标是某点相对于某一特定点的相对位置。相对坐标的表示方法为"@X，Y"。例如，上一操作点的绝对坐标为"10，10"，用键盘输入相对坐标"@–2，5"，则相当于确定了绝对坐标为"8，15"的点位置。

极坐标是通过某点相对于极点的距离和该点与极点的连线与 轴正方向所成夹角来确定点的。在系统默认情况下，AutoCAD 以逆时针方向来测量角度。绝对极坐标以坐标系中的原点为极点，例如"20<30"，表示该点到原点的距离为 20，该点和原点之间的连线与 轴正方向的夹角为 30°。相对极坐标以上一个操作点为极点，例如"10<60"，表示两点之间的距离为 10，两点连线与 轴正方向夹角为 60°。

1.4　图形中点的精确输入

绘图过程中，图形中点的位置都是相对确定的，因此精确输入点的位置是图形绘制的前提。AutoCAD 提供三种途径实现屏幕点的精确输入。

1.4.1　坐标输入方式

如图 1-16 所示的平面图形，可以采用相对直角坐标和极坐标输入法完成。

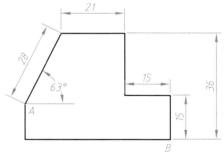

图 1-16　坐标输入法图例

单击"绘图"功能区上的 ![按钮] 按钮(或单击"绘图"→"直线"菜单命令，或单击绘图工具栏上的 ![按钮] 按钮，或在命令提示行输入 Line 并按回车键)，命令提示行窗口与作图步骤如下：

命令：_line(启动直线命令);

指定第一个点：在绘图区单击左键输入图中 A 点位置；

指定下一点或 [放弃 (U)]: @28<63(回车)；

指定下一点或 [退出 (E)/ 放弃 (U)]: @21,0(回车)；

指定下一点或 [关闭 (C)/ 退出 (X)/ 放弃 (U)]: @0,-21(回车)；

指定下一点或 [关闭 (C)/ 退出 (X)/ 放弃 (U)]: @15,0(回车)；

指定下一点或 [关闭 (C)/ 退出 (X)/ 放弃 (U)]: @0,-15(回车)；

指定下一点或 [放弃 (U)]: <对象捕捉追踪 开>用鼠标追踪 B 点和 A 点，定位图形左下角，单击左键；

指定下一点或 [关闭 (C)/ 退出 (X)/ 放弃 (U)]: C(或鼠标左键单击 A 点，然后回车)。

1.4.2 利用状态栏相关按钮功能精确定位

为了快速精确地绘图，AutoCAD 系统提供了多个有效、实用的绘图辅助工具，如正交、捕捉、极轴等。在绘图过程中，单击状态栏上的相关按钮，可以打开或关闭这些自动对象捕捉和追踪功能。通过设置和使用这些工具，可帮助用户快速和精确定位，以加速图形的绘制过程。如图 1-17 所示，单击状态栏上相应按钮旁边的小三角，在弹出的菜单中可以进行追踪角度和几何点设置。

图 1-17 状态栏工具设置

"正交限制"模式是指光标只能在水平或垂直方向上移动，与手工绘图使用的丁字尺功能类似。

"对象捕捉"功能可以用光标直接捕捉到图形对象上的几何点，如端点、中点、交点、圆心等。自动追踪包括"极轴追踪"和"对象捕捉追踪"，它有助于按指定角度或与其他对象的指定关系绘制对象。

　　"极轴追踪"是指光标将沿指定的极轴角度的倍数对齐指定点的路径。创建或修改对象时，可以打开状态栏上的"极轴追踪"以显示由指定的极轴角度所定义的临时对齐路径。如图 1-17 所示，如果极轴角度选择值为"90、180、270、360…"，当光标经过 0°、90°、180°、270°、360° 时，系统会自动显示追踪路径，当光标从该角度移开时，对齐路径消失。如果极轴角度选择值为"45、90、135、180…"，那么光标经过 0°、45°、90°、135°、180° 等 45° 的倍数角度时，系统就会自动显示追踪路径。如果欲设置的极轴角度不在角度列表中，可以单击图 1-17 中的"正在追踪设置"，打开如图 1-18 所示的"草图设置"对话框。在对话框中选择"新建"，在"附加角"中输入所需要的角度即可。"正交限制"模式将光标限制在水平或垂直轴上，因此不能同时打开"正交限制"和"极轴追踪"。"正交限制"打开时，"极轴追踪"会自动关闭。

图 1-18　"草图设置"对话框

　　"对象捕捉追踪"是指以捕捉到的图形对象几何点为基点，按指定的极轴角的倍数对齐指定点的路径。"对象捕捉追踪"要与"对象捕捉"一起使用。必须设置并打开"对象捕捉"的几何点(如图 1-17 所示)，才能从对象的捕捉点进行追踪。默认情况下，对象捕捉追踪将设置为正交。对齐路径将显示在已获取的对象点的 0°、90°、180°、270° 方向上。

　　如图 1-19 所示的平面图形，可以采用状态栏上的对象自动捕捉和追踪功能完成。打开状态栏上的"极轴追踪""对象捕捉追踪"和"对象捕捉"，然后启动直线命令，命令提示行窗口与作图步骤如下：

　　命令：_line(启动直线命令)；

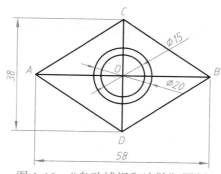

图 1-19　"自动捕捉和追踪"图例

指定第一个点：在绘图区单击左键输入图中 A 点位置；

指定下一点或 [放弃 (U)]：58(向右水平追踪58，回车输入 B 点，回车结束直线命令)；

命令：_line(重新启动直线命令)；

指定第一个点：19(从水平线中点 O 向上垂直追踪19，回车输入 C 点)；

指定下一点或 [放弃 (U)]：38(向下垂直追踪38，回车输入 D 点)；

指定下一点或 [退出 (E)/ 放弃 (U)]：(自动捕捉 B 点，单击左键)；

指定下一点或 [关闭 (C)/ 退出 (X)/ 放弃 (U)]：(自动捕捉 C 点，单击左键)；

指定下一点或 [关闭 (C)/ 退出 (X)/ 放弃 (U)]：(自动捕捉 A 点，单击左键)；

指定下一点或 [关闭 (C)/ 退出 (X)/ 放弃 (U)]：(自动捕捉 D 点，单击左键，回车结束直线命令)；

命令：_circle(启动圆命令)；

指定圆的圆心或 [三点 (3P)/ 两点 (2P)/ 切点、切点、半径 (T)]：(自动捕捉 O 点，输入圆心)；

指定圆的半径或 [直径 (D)]：10(输入半径 10)；

命令：_circle(重新启动圆命令)；

指定圆的圆心或 [三点 (3P)/ 两点 (2P)/ 切点、切点、半径 (T)]：(自动捕捉 O 点，输入圆心)；

指定圆的半径或 [直径 (D)] <10.0000>：7.5(输入半径 7.5，绘制 ϕ15 的圆)。

1.4.3　利用"对象捕捉"工具栏按钮功能精确定位

单击菜单栏中的"工具"→"工具栏"→"AutoCAD"命令，可以打开"对象捕捉"工具栏，如图 1-20 所示。

图 1-20　"对象捕捉"工具栏

单击"对象捕捉"工具栏上的相应按钮可以执行临时对象捕捉功能，这个是一次性的对象捕捉，点击一个按钮后，相应的对象捕捉功能只对后续一次选择有效。在绘图命令执行过程中，也可以通过单击鼠标右键打开"对象捕捉"快捷菜单，其使用方法和功能与"对象捕捉"工具栏一致。

1.5　图形显示控制

在绘图过程中，绘图区中的图形需要进行放大、缩小、平移等操作，来调整图形的显示大小和看图位置。单击"视图"菜单栏中的"缩放"选项的下拉菜单 (如图 1-21 所示)，或单击功能区"视图"选项卡中的"导航"面板中"范围"按钮右下角的小三角打开菜单 (如图 1-22 所示)，选择相应按钮控制绘图区显示状态。

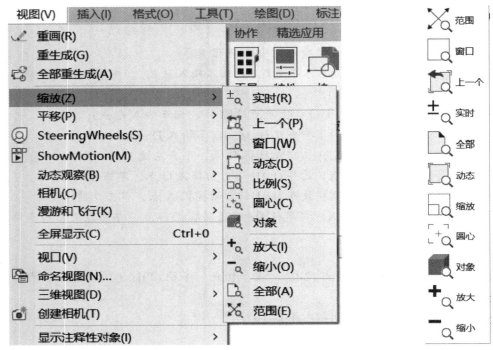

图 1-21　"缩放"下拉菜单　　　　　　图 1-22　"导航"面板工具栏

绘图过程中，比较常用的是平移和缩放功能。可以使用鼠标滚轮实时平移和缩放当前视图。前后滚动鼠标滚轮可以改变图形远近，控制图形显示大小 (实际尺寸不变)，按住滚轮不松开同时移动鼠标可以改变图形位置，移动图形显示位置 (实际位置不变)，双击滚轮可以显示绘图区全部图形。

1.6　文件管理

在对图形进行处理时，需要对图形文件进行管理。文件管理包括图形文件的新建、保存、打开等操作。

1.6.1　新建文件

AutoCAD 2020 提供三种新建图形文件的方法：

(1) 命令提示行输入 New，然后回车；

(2) 单击标准工具栏或快速访问工具栏中的"新建"按钮；

(3) 单击"文件"菜单或应用程序菜单中的"新建"命令。

输入新建命令后，系统打开"选择样板"对话框，如图 1-23 所示。在对话框列表中选择合适的图形样板，点击"打开"按钮即可完成创建新文件。

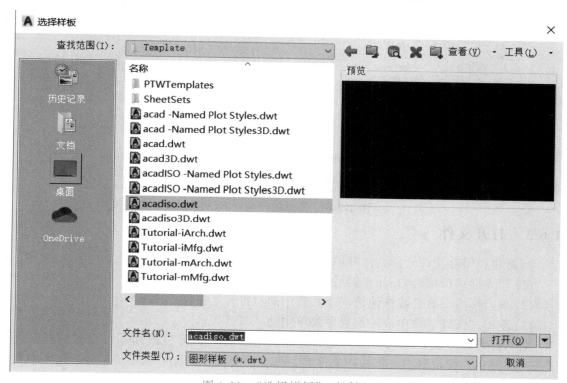

图 1-23　"选择样板"对话框

1.6.2　保存文件

在对图形进行处理时，应当经常进行保存。保存操作可以在出现电源故障或发生断电等意外事件时防止图形及其数据丢失。系统默认情况下，自上次保存图形之后的 10 分钟内，程序会自动进行保存，用户可以在"选项"对话框的"打开和保存"选项卡中重新设置自动保存的时间间隔，也可以关闭自动保存。

AutoCAD 2020 提供三种保存图形文件的方法：

(1) 命令提示行输入 Save，然后回车；

(2) 单击标准工具栏或快速访问工具栏中的"保存"按钮；

(3) 单击"文件"菜单或应用程序菜单中的"保存"命令。

输入保存命令后，系统打开"图形另存为"对话框，如图 1-24 所示。在对话框列表中选择合适的存盘路径，输入文件名，点击"保存"按钮即可完成保存文件。

图形文件的文件扩展名为".dwg"，除非更改"选项"对话框中的默认文件格式，否则将使用最新的图形文件格式保存图形。

图 1-24 "图形另存为"对话框

1.6.3 打开文件

与新建和保存文件一样，打开原有图形文件也有三种方法：

(1) 命令提示行输入 Open，然后回车；

(2) 单击标准工具栏或快速访问工具栏中的"打开"按钮；

(3) 单击"文件"菜单或应用程序菜单中的"打开"命令。

输入打开命令后，系统打开"选择文件"对话框，如图 1-25 所示。在对话框中可以在"文件名"编辑框中直接输入文件名，打开已有文件，也可以在"名称"列表中直接双击需要打开的文件。

图 1-25 "选择文件"对话框

用户可以同时打开多个图形文件，方便在多个文件中切换工作。根据不同的操作需要，可以将打开的多个文件进行层叠排列、水平平铺、垂直平铺。分别单击"窗口"下拉菜单中的"层叠排列""水平平铺""垂直平铺"命令可以进行以上三种排列，如图1-26、图 1-27、图 1-28 所示。

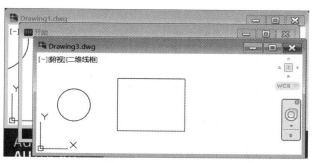

图 1-26　层叠排列

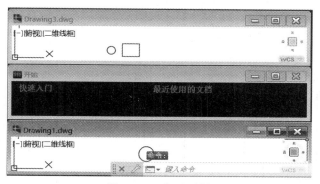

图 1-27　水平平铺

图 1-28　垂直平铺

1.7　操作练习与知识巩固

（1）打开 AutoCAD 2020 绘图工作界面，熟悉各部分功能，设置菜单栏和工具栏的打开或关闭，设置绘图区颜色，熟练掌握命令的输入、执行和中断等操作方法。

(2) 绘制如图 1-29、图 1-30、图 1-31 所示的平面图形 (不标尺寸)，熟练掌握直线命令的基本操作和屏幕点的精确输入。

(3) 设置合理的存盘路径和文件名，将第 (2) 题绘制的图形进行保存。

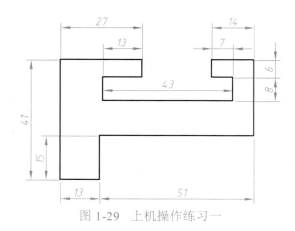

图 1-29   上机操作练习一

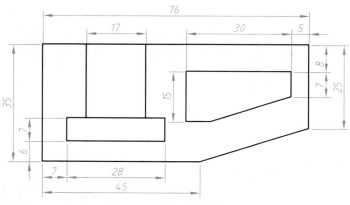

图 1-30   上机操作练习二

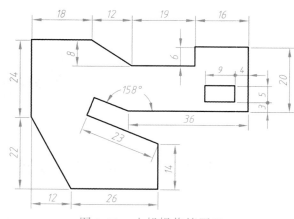

图 1-31   上机操作练习三

第 2 章　绘图环境设置

无论是手工绘图还是计算机绘图，都必须遵守国家制图标准。使用 AutoCAD 软件绘制工程图，需要按照国家制图标准对绘图环境进行设置，这样不但可以提高绘图效率，同时可以保证绘图过程符合国家标准。绘图环境的设置包括对图形单位、绘图界限、图线的线型和线宽、系统选项以及图形的显示模式等的设置。本章将对这些内容进行详细讲述。

2.1　设置图形单位

在 AutoCAD 软件中，用户可以根据实际工作需要设置绘图单位类型和数据精度，系统默认的单位为"毫米"，精度为四位小数点"0.0000"。依次单击应用程序菜单中的"图形实用工具"下拉菜单中的"单位"选项，也可以单击"格式"菜单中的"单位"选项，都可以打开"图形单位"对话框，如图 2-1 所示。

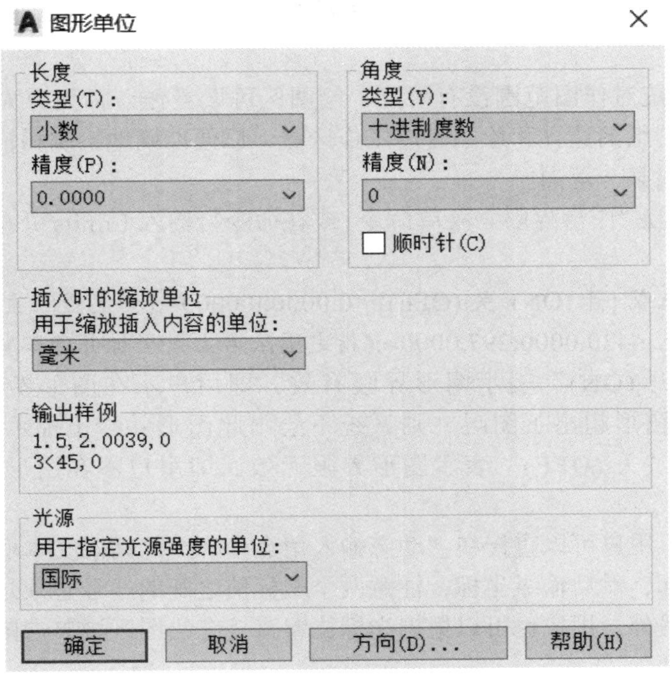

图 2-1　"图形单位"对话框

在"长度""角度""插入时的缩放单位"设置区中，可以分别进行长度和角度的类型和精度等级、单位类型等的设置。

在对话框中可以查看"输出样例"。

单击"图形单位"对话框中的"方向"按钮，即可弹出"方向控制"对话框，如图 2-2 所示。在对话框中可以设置角度的起始方向，系统默认情况下正东方向 (水平向右) 为角度起始方向。

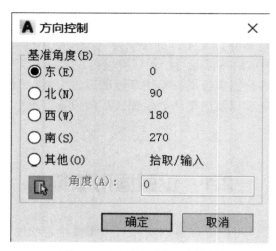

图 2-2   "方向控制"对话框

2.2   设置绘图界限

AutoCAD 系统对作图范围没有限制，绘图区可以看作一幅无穷大的图纸。图形界限功能可以标明图纸的边界和绘图者的工作区域，以便准确地绘制和输出图形，从而避免绘制的图形超出某一范围。

单击"格式"/"图形界限"菜单命令 (或在命令行输入 Limits 并按回车键), 命令行提示序列如下：

指定左下角点或 [开 (ON)/ 关 (OFF)] <0.0000,0.0000>:(指定图限左下角坐标并回车)

指定右上角点 <420.0000,297.0000>:(指定图限右上角坐标并回车)

其中选项"开 (ON)"表示图形界限有效，即用户不在图形界限内拾取的点为无效，如果所绘图形超出了图限，则系统不绘出此图形并给出提示信息，从而保证绘图的正确性。"关 (OFF)"表示图形界限无效，即用户不在图形界限拾取的点也是有效的。

输入坐标时，用户可以直接在"动态输入角点坐标"的动态文本框中直接输入角点坐标，先输横坐标，然后输纵坐标，注意两个坐标值之间的逗号必须是在输入法为英文状态下输入的；另外，用户也可以根据光标位置直接在绘图区域单击鼠标左键，确定角点的位置。

2.3　设置与管理图层

AutoCAD 采用图层来组织不同类型的图形信息，以便使图形的结构更加清晰，相同种类的图形元素更好管理。在 AutoCAD 中，系统允许用户创建无限多个图层，用户可以根据绘图需要设置每个图层的名称、颜色、线型、线宽等特性参数。另外，系统还提供了大量的图层管理功能，在组织图形时可以灵活运用。

2.3.1　创建图层

系统默认情况下只有一个图层 (0 层)。用户可以根据工作需要新建图层。

单击"格式"菜单中的"图层"命令，或者单击"图层"功能区面板中的"图层特性"按钮 (如图 2-3 所示)，系统将弹出"图层特性管理器"对话框。

图 2-3　"图层"功能区面板

单击"图层特性管理器"对话框上方的新建按钮，在对话框中就会创建名称为"图层 1""图层 2"等的新图层，如图 2-4 所示。

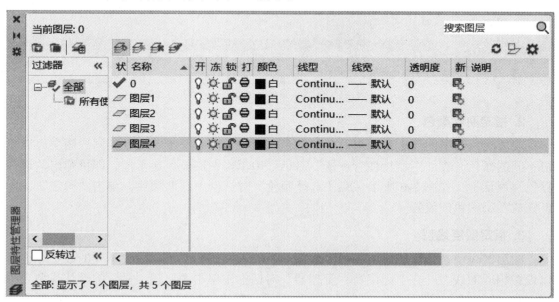

图 2-4　"图层特性管理器"对话框

虽然系统允许用户创建多个图层，但只能在当前图层上进行绘图操作。在"图层特性管理器"对话框中的图层列表中选择一个图层，然后单击按钮，可将该图层设置为当前图层；单击按钮 ▨，可将图层删除。

注意：当前图层和系统默认的 0 层不能被删除。

2.3.2　设置图层

创建好图层后，用户可以给每个图层指定不同的名称、颜色、线型、线宽等，以便对同一图层上的图形元素进行统一管理。

1. 指定图层名称

在"图层特性管理器"对话框中选择一个图层，单击现有"名称"进行激活，然后输入新名称即可。系统默认的 0 层不能修改名称。如图 2-5 所示，将"图层 1"名称改为"虚线"层。

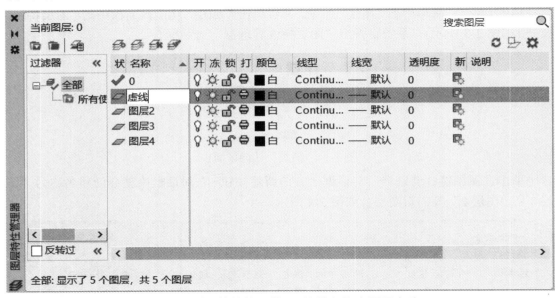

图 2-5　"图层特性管理器"对话框 (指定图层名称)

2. 指定图层颜色

图层颜色是指图层上的图形对象的颜色。为了绘图时便于看图，不同的图层可以设置不同的颜色。在"图层特性管理器"对话框中单击图层颜色显示框，即可弹出"选择颜色"对话框，如图 2-6 所示。在"选择颜色"对话框中选取颜色，单击"确定"，即可完成图层颜色的设置。

3. 指定图层线型

图层的线型是指图层上的图形对象的线型。不同的图层可以设置不同的线型，也可以设置相同的线型。在"图层特性管理器"对话框中单击图层线型显示的默认线型名称"Continnuous"，即可弹出"选择线型"对话，默认的线型只有一个，如图 2-7 所示。

单击对话框中的"加载"按钮，弹出"加载或重载线型"对话框，在"可用线型"列表中为用户提供了标准的线型库，选择符合国家制图标准的线型，单击"确定"即可完成加载线型，如图 2-8 所示，选择加载虚线。

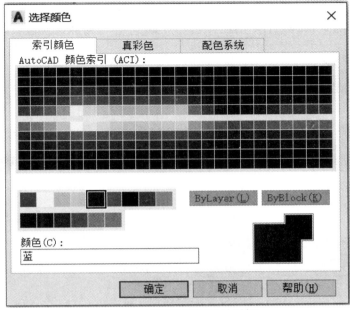

图 2-6　"选择颜色"对话框

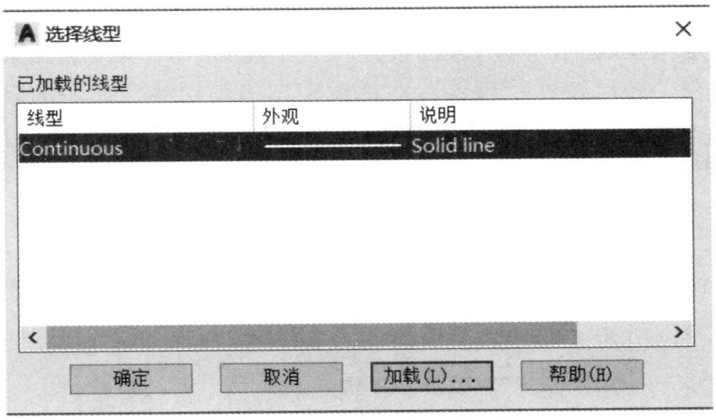

图 2-7　"选择线型"对话框

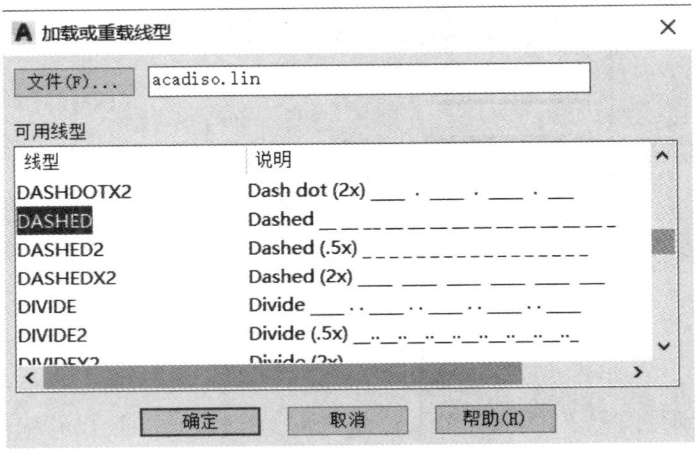

图 2-8　"加载或重载线型"对话框

　　加载的线型会罗列在"选择线型"对话框中，如图 2-9 所示，成功加载了虚线和点画线。在对话框中选择虚线 (DASHED)，单击"确定"，即可完成图层线型 (虚线) 的设置。

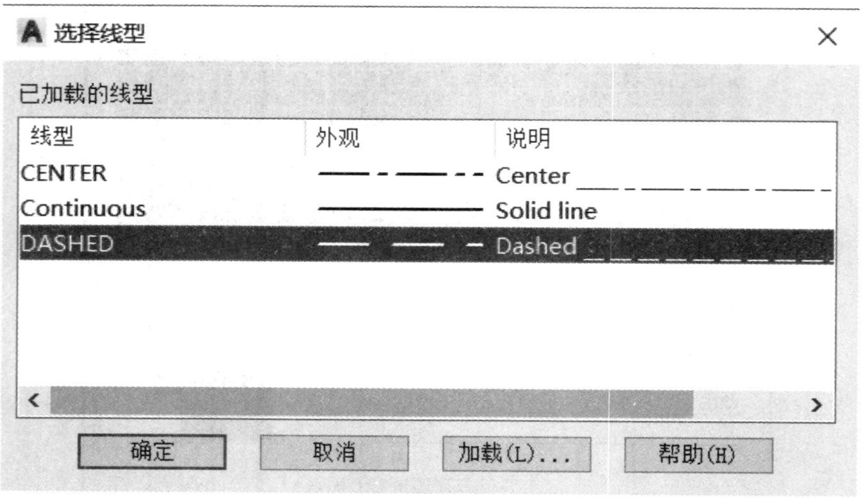

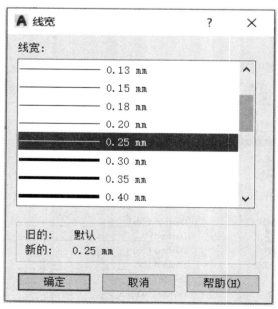

图 2-9　"选择线型"对话框

4. 指定图层线宽

　　图层的线宽是指图层上图形对象所使用的线的粗细。可以按照国家制图标准设置不同图层的线宽。在"图层特性管理器"对话框中单击图层线宽显示的默认线宽，即可弹出"线宽"对话，如图 2-10 所示。在对话框中选择合适的线宽，单击"确定"，即可完成图层线宽 (粗细) 的设置。

图 2-10　"线宽"对话框

　　如图 2-11 所示，设置了 0 层 (粗实线)、细实线、虚线、点画线、尺寸标注等图层的颜色、线型和线宽。按照国家制图标准，粗线线宽为 0.5 毫米，细线线宽为 0.25 毫米。

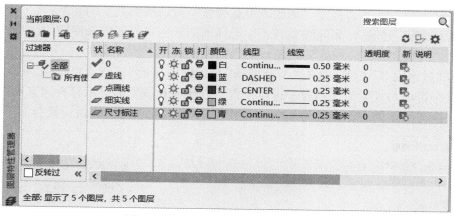

图 2-11　"图层特性管理器"对话框

如图 2-12 所示，单击 "图层" 功能区面板上的图层显示框，在下拉列表中显示设置好的图层，在列表中选择图层即可作为当前层进行绘图。

图 2-12　"图层"功能区面板

在图层中设置各种线型后，绘图区显示的各种线型比例可以按照国家制图标准进行设置。单击"格式"下拉菜单中的"线型"，打开"线型管理器"对话框，如图 2-13 所示。在对话框中单击右上角不同标签，可对线型进行编辑：

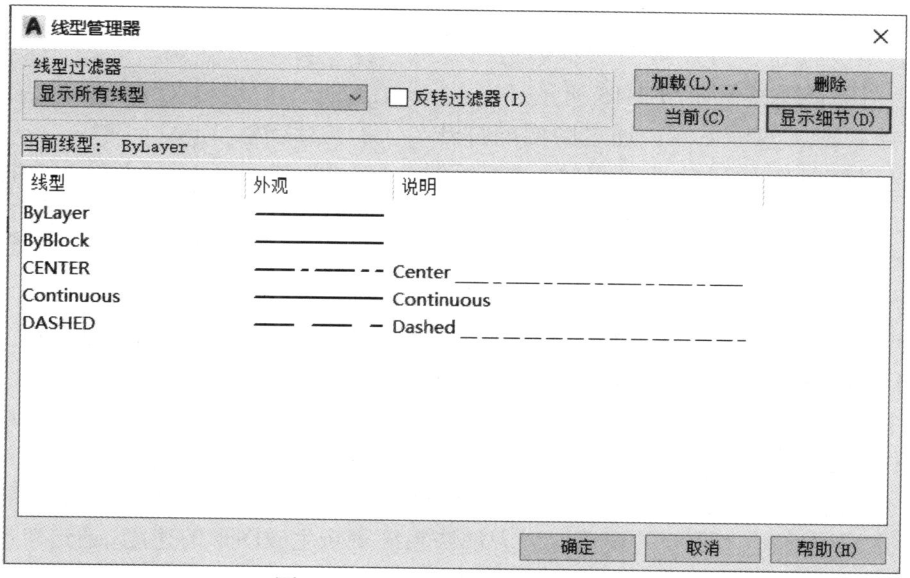

图 2-13　"线型管理器"对话框

单击"加载"标签，打开"加载或重载线型"对话框加载新的线型；

单击"删除"标签，删除线型列表中选择的图形，只能删除未使用的线型；

单击"当前"标签，将选定线型设为当前线型；

单击"显示细节"标签，在"线型管理器"对话框中显示"详细信息"，如图 2-14 所示。在对话框中可以对线型的比例因子进行设置，以便各种线型的显示符合国家制图标准。例如将"全局比例因子"设置为 0.5，则绘图区中虚线或点画线的画长就会缩短一半。

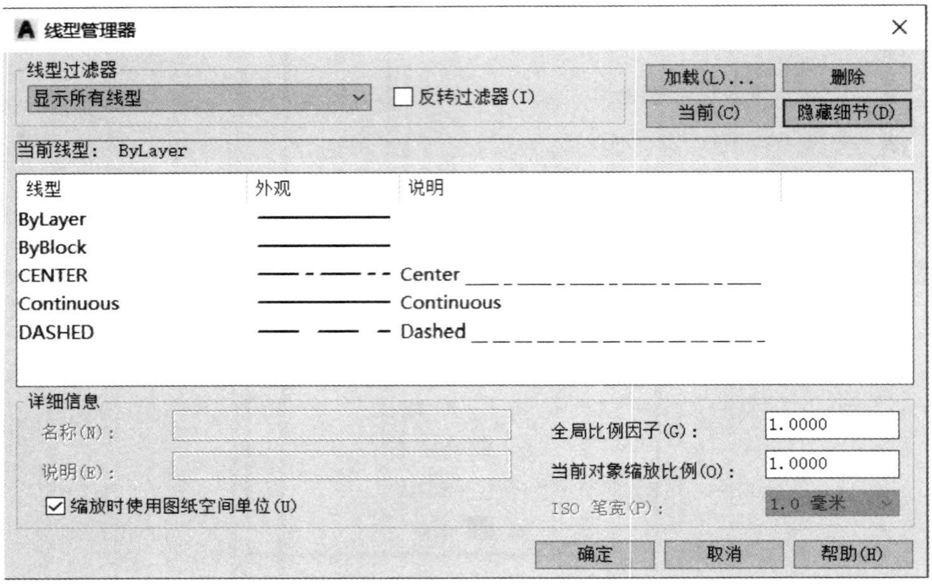

图 2-14   "显示细节"标签

2.3.3   管理图层

在绘图过程中，可以根据实际工作需要，对图层进行管理。通过"图层特性管理器"对话框的相关按钮，可以对图层状态进行控制和管理。图层管理按钮如图 2-15 所示。

图 2-15 图层管理按钮

(1) 控制图层的可见性：通过图层的打开与关闭，可以控制图层对象的可见性。如果图层被打开，则该图层上的图形可以在绘图区显示或在绘图仪上输出。被关闭的图层上所有对象不会在屏幕上显示，也不会被输出。但是，这些对象仍存在于图形中，在刷新图形时还是要对它们进行计算。可以通过单击"开"栏下对应于所选图层的图标来设置图层的打开或关闭。

(2) 图层的冻结与解冻：如果图层被冻结，该层上的图形实体不能被显示或输出，而且也不参加图形之间的运算。被解冻的图层则正好相反。从可见性来看，冻结与关闭是相同的，但冻结的图层不参加图形处理过程的运算，而关闭的图层则要参加运算。所以，在复杂的图形中冻结不需要的层可以大大加快系统重新生成图形的速度。通过单击"冻结"栏下对应于所选图层的 ⚙ 图标来设置图层的冻结与解冻。

注意：当前层是不能被冻结的。

(3) 图层的锁定与解锁：锁定层上的图形实体仍然可见，但不能对其进行编辑和修改。通过单击"锁定"栏下对应于所选图层的图标来设置图层的锁定或解锁。

(4) 图层是否打印：默认状态下，每个图层都是可打印状态。实际工作时可以通过单击"打印"栏下对应于所选图层的打印机图标来设置图层的打印或不打印。

2.4　配置系统选项

一般情况下，采用 AutoCAD 2020 系统的默认配置可以正常进行绘图。为了满足用户的不同需求，AutoCAD 软件提供开放式的系统设置功能，可以通过"选项"对话框对绘图系统进行设置，实现个性化的系统配置，如改变窗口颜色、滚动条的显示、字体大小等。

单击"工具"菜单中的"选项"命令，或在绘图区中单击鼠标右键，在弹出的快捷菜单中选择"选项"命令，即可以打开"选项"对话框，如图 2-16 所示。用户可以在对话框中对各选项卡中的相关内容进行设置，根据具体工作需要配置个性化的绘图环境。

在图 2-16 中的"显示"选项卡中可以对绘图区的背景颜色、十字光标的大小、图形元素的显示精度等项目进行设置。

图 2-16　"选项"对话框

如图 2-17 所示,在"打开和保存"选项卡中可以设置是否开启系统的自动保存功能以及自动保存的时间间隔等。

图 2-17 "打开和保存"选项卡

如图 2-18 所示,在"绘图"选项卡中,可以设置自动捕捉标记的大小、各种图形元素的界面颜色等。

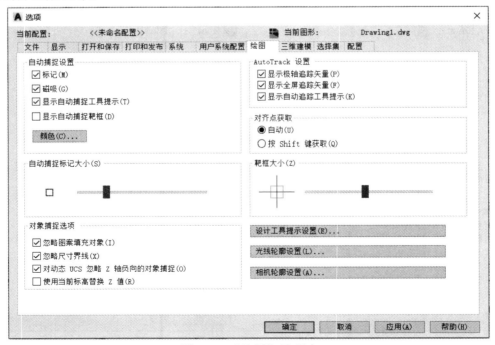

图 2-18 "绘图"选项卡

如图 2-19 所示，在"选择集"选项卡中，可以设置拾取框大小、夹点尺寸等。

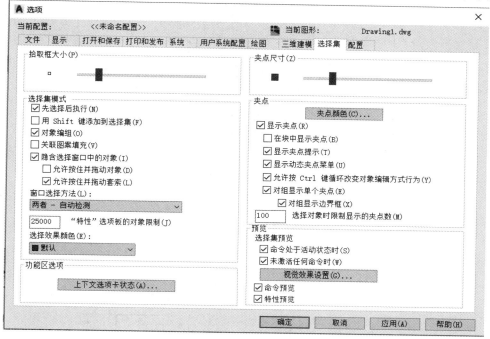

图 2-19　"选择集"选项卡

2.5　操作练习与知识巩固

(1) 按照工程图要求新建并设置图层：粗实线 (0.5)、细实线 (0.25)、点画线 (0.25)、虚线 (0.25)、尺寸标注 (0.25)。根据国家制图标准设置适当的线型比例。

(2) 绘制并保存图 2-20、图 2-21、图 2-22 所示平面图形 (不标尺寸)，图线显示符合国家制图标准。通过图形中各类图线的绘制，熟练掌握图层设置与管理，进一步巩固各种几何点的精准定位。

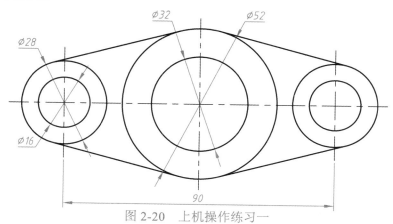

图 2-20　上机操作练习一

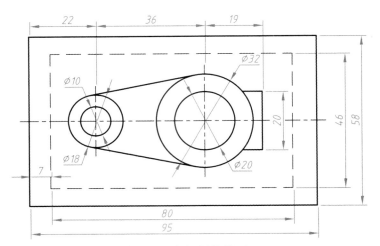

图 2-21　上机操作练习二

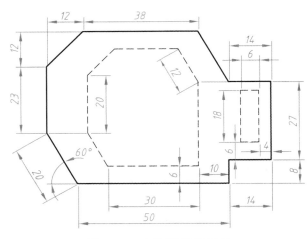

图 2-22　上机操作练习三

第3章 图形绘制

任何图形都是由直线或曲线组成的，AutoCAD 提供了丰富的绘图命令，可以绘制各种图形对象。调用绘图命令的方法有四种：

(1) 在命令提示行窗口输入绘图命令；

(2) 单击"绘图"菜单中的选项执行绘图命令，如图 3-1 所示；

(3) 单击"绘图"功能区面板中的选项执行绘图命令，如图 3-2 所示；

(4) 单击"绘图"工具栏中的选项执行绘图命令，如图 3-3 所示。

图 3-1 "绘图"菜单

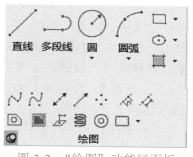

图 3-2 "绘图"功能区面板

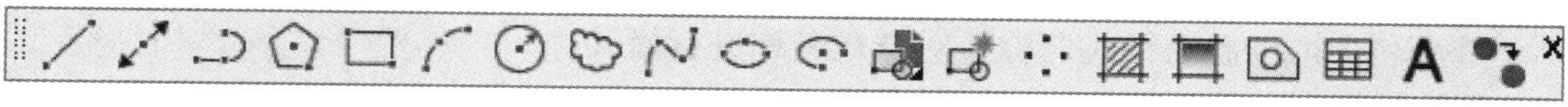

图 3-3 "绘图"工具栏

在实际绘图过程中，可以利用键盘上的空格键或回车键重复执行上一个命令；也可以单击鼠标右键，在弹出的快捷菜单中选择重复上一个绘图命令。熟练掌握各种命令输入方式，并在绘图中灵活运用，可以提高作图效率。

3.1　绘制直线

直线是图形中最常用的图线，AutoCAD 中绘制直线的命令包括直线 (Line)、射线 (Ray)、构造线 (Xline) 和多线 (Mline) 等。在绘制工程图时，直线和多线命令比较常用。

3.1.1　绘制直线 (Line)

执行直线命令时，一次可以画一条直线段，也可以连续画多条首尾相接的线段。AutoCAD 2020 启动直线命令，命令提示行窗口和执行过程如下：

指定第一点：(输入线段起点)；

指定下一点或 [放弃 (U)]: (输入线段终点或输入 "U" 取消上一步指定的起点位置)；

指定下一点或 [退出 (X)/ 放弃 (U)]: (输入线段终点或输入 "U" 取消上一步画线操作，或输入 "X" 退出直线绘制，结束命令)；

指定下一点或 [关闭 (C)/ 退出 (X)/ 放弃 (U)]: (输入线段终点或输入 "C" 自动形成闭合的折线，或输入 "U" 取消上一步画线操作，或输入 "X" 退出直线绘制，结束命令)。

在绘制直线过程中，除了输入 "X" 结束直线命令，也可以单击鼠标右键，在弹出的菜单中选择 "确定"，或者按回车键、空格键或 Esc 键结束命令。

3.1.2　绘制多线 (Mline)

多线命令是用来绘制平行线的。用户可以根据工作需要设置平行线的数量以及封口形状等。系统默认的多线样式只包含两条平行线，在使用 "多线" 命令画图前，要对 "多线样式" 进行设置，单击 "格式" 菜单中的 "多线样式" 命令，打开 "多线样式" 对话框，如图 3-4 所示。单击 "新建" 按钮，在弹出的 "创建新的多线样式" 对话框输入样式名称，然后单击 "继续"，打开 "新建多线样式" 对话框，即可进行多线两端的封口样式、图线元素的偏移距离等设置，如图 3-5 所示。

如图 3-6 所示，已经新建了样式 1(两条平行线间距为 1，两端直线封口)、样式 2(两条平行线间距为 1，两端外圆弧封口)、样式 3(两条平行线间距为 1，一端直线封口，一端外圆弧封口) 三种多线样式。图中各按钮功能如下：

置为当前：将选择的样式作为绘图时的默认多线样式，这里将 "样式 3" 置为当前。

修改：可以打开 "新建多线样式" 对话框，对多线的样式进行重新设置。

重命名：可以激活样式名称，对样式名称进行修改。

删除：用了删除已有样式。

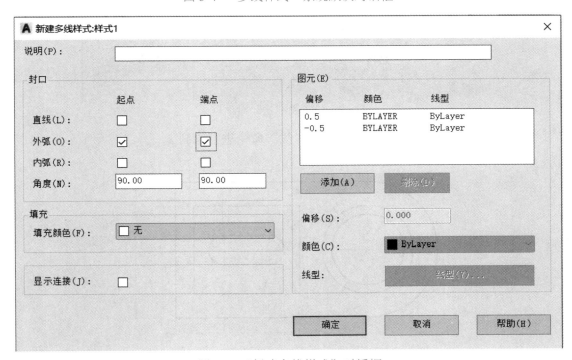

图 3-4　"多线样式"系统默认对话框

图 3-5　"新建多线样式"对话框

　　保存：可以将样式列表中的多线样式存储成样式文件 (.mln)，以便在新的文件中"加载"该样式。

　　加载：在"加载多线样式"对话框中的文件列表中，选择样式名称，将样式文件加载到"样式"列表中。

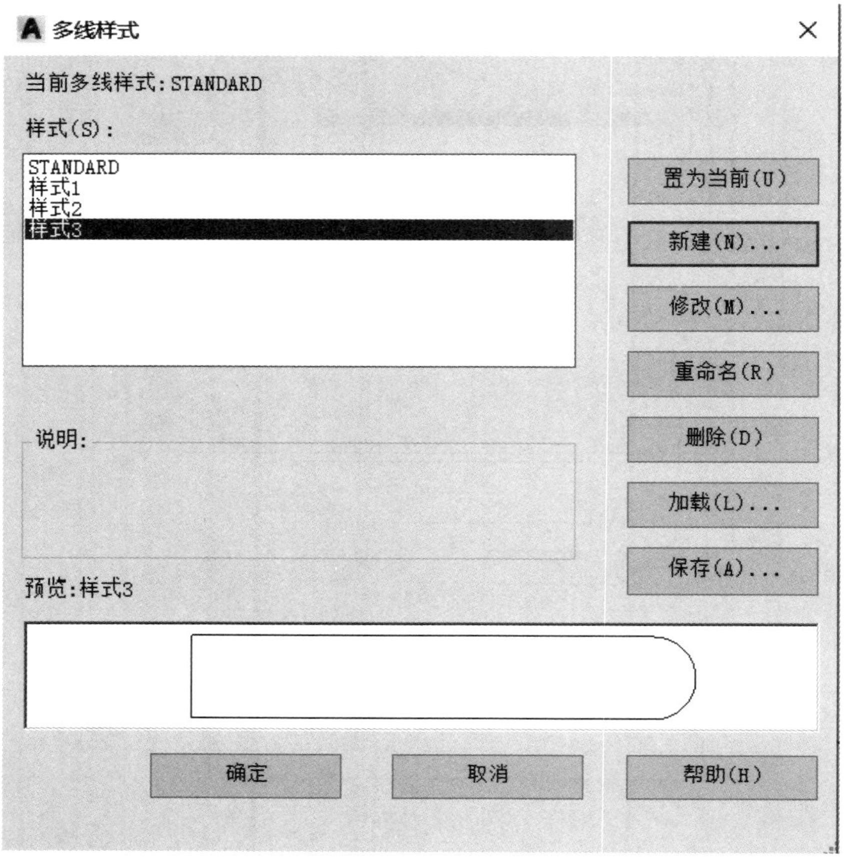

图 3-6 "多线样式"对话框

如图 3-7 所示平面图形，可以利用"多线"命令进行绘制。

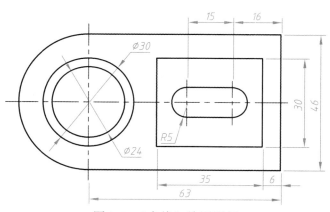

图 3-7 "多线"绘图图例

在 AutoCAD 2020 中，可以利用夹点功能对直线长度进行调整。左键单击直线的任何位置，在直线的端点和中点处会显示出蓝色的夹持点，通过拖动直线两端的夹点可以调整直线的长度，拖动中点位置的夹点可以移动直线的位置。在绘制图形中点画线时，可按照国家制图标准修改点画线的长度。

3.2　绘　制　曲　线

AutoCAD 2020 曲线绘制命令包括圆 (Circle)、圆弧 (Arc)、圆环 (Donut)、椭圆 (Ellipse) 和样条曲线 (Spline) 等。下面主要介绍比较常用的圆和圆弧命令的操作方法，其他命令可根据命令提示窗口的信息自行熟悉操作过程。

3.2.1　绘制圆 (Circle)

AutoCAD 2020 提供了六种画圆方式，这些方式是根据圆心、半径、直径以及圆上的点等参数的不同组合来控制的，如图 3-8 所示。

用户可以根据需要单击"绘图"功能区的"圆"选项下的小三角，或单击"绘图"菜单中的"圆"的下拉菜单中的对应选项，进行各种方式的绘图操作。如果在命令行或工具栏输入命令，可根据命令行的提示输入相应选项绘制圆。启动"圆"命令，系统默认方式是指定圆心和半径画图。采用指定圆心和半径方式绘制圆时，命令提示行窗口和执行过程如下：

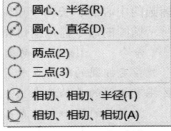

图 3-8　"圆"命令菜单

命令：_circle(启动圆命令)；

指定圆的圆心或 [三点 (3P)/ 两点 (2P)/ 相切、相切、半径 (T)]：(在绘图区指定圆心，或输入"3P"切换成三点画圆方式，输入"2P"切换成两点画圆方式，输入"T"切换成相切和半径画圆方式)；

指定圆的半径或 [直径 (D)]：(输入半径，回车结束命令，或输入"D"切换成直径方式)。

其他画圆方式与该方式类似，用户可以根据命令提示操作，这里不再详细介绍。

3.2.2　绘制圆弧 (Arc)

AutoCAD 2020 提供了 11 种不同的画圆弧方式。这些方式是根据圆弧的起点、方向、终点、弧心角、弦长等参数来确定的。单击"绘图"功能区的"圆弧"选项下的小三角，或单击"绘图"菜单中的"圆弧"命令，即可打开绘制圆弧的下级菜单，如图 3-9 所示。

如果在命令行或工具栏输入命令，可根据命令行的提示输入相应选项绘制圆弧。系统默认情况下，圆弧按逆时针方向绘制。指定起点、圆心、端点方式绘制圆弧的命令提示行窗口的执行过程如下：

命令：_arc(启动圆弧命令)；

指定圆弧的起点或 [圆心 (C)]：(指定圆弧的起点，或输入"C"切换成圆心)；

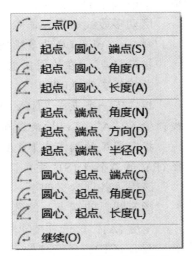

图 3-9　"圆弧"命令菜单

指定圆弧的第二个点或 [圆心 (C)/ 端点 (E)]：C(输入 "C" 切换成圆心，输入 "E" 切换成输入端点)；

指定圆弧的圆心：(在绘图区指定圆心)；

指定圆弧的端点或 [角度 (A)/ 弦长 (L)]：(在绘图区指定圆弧端点结束命令，或输入 "A" 切换圆弧圆心角，输入 "L" 切换成圆弧的弦长)。

其他画圆弧方式与该方式类似，这里不再详细介绍。

3.2.3   绘制椭圆 (Ellipse)

椭圆是封闭的曲线图形，AutoCAD 2020 是通过指定椭圆的中心点、长轴或短轴来绘制椭圆的。绘制如图 3-10 所示椭圆的命令提示窗口和操作步骤如下：

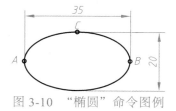

图 3-10   "椭圆"命令图例

命令：_ellipse(启动椭圆命令)；

指定椭圆的轴端点或 [圆弧 (A)/ 中心点 (C)]：(在绘图区指定椭圆的长轴端点 A，或输入 C 切换中心点绘制)；

指定轴的另一个端点：35(水平向右追踪点 A，输入 35，回车确认点 B)；

指定另一条半轴长度或 [旋转 (R)]：10(竖直追踪椭圆中心点向上，输入 10，回车确认点 C，完成作图)。

命令提示行其他选项含义如下：

圆弧 (A)：输入 A 切换成椭圆弧绘制模式。

旋转 (R)：输入 R 切换成角度输入，可以通过输入角度将椭圆旋转给定的角度。

3.3   绘制多段线 (Pline)

多段线是由若干直线和圆弧连接而成的折线或曲线，是可以统一进行编辑的单一实体。多段线中的线条可以设置成不同的线宽和线型。

启动多段线命令，命令提示行窗口的执行过程如下：

命令：_pline(启动多段线命令)；

指定起点：(在绘图区输入多段线的起点)；

当前线宽为 0.0000

指定下一个点或 [圆弧 (A)/ 半宽 (H)/ 长度 (L)/ 放弃 (U)/ 宽度 (W)]：(系统默认为直线，输入 "A" 可以切换成圆弧，回车)；

指定圆弧的端点或 [角度 (A)/ 圆心 (CE)/ 闭合 (CL)/ 方向 (D)/ 半宽 (H)/ 直线 (L)/ 半径 (R)/ 第二个点 (S)/ 放弃 (U)/ 宽度 (W)]：

该提示各项含义如下：

指定圆弧的端点：该选项为默认项，用户可以直接确定圆弧的终点。

角度 (A)：该选项要求用户输入圆弧所对应的圆心角。

圆心 (CE)：该选项要求用户指定圆弧的中心。

方向 (D)：该选项可以重新指定圆弧的起始方向。

直线 (L)：该选项表示重新返回绘制直线方式。

半径 (R)：该选项要求用户输入圆弧的半径。

第二个点 (S)：该选项表示用三点法绘制圆弧。

闭合 (CL)：封闭多段线。

半宽 (H)：设置多段线宽度的一半。

长度 (L)：输入下一段多线段的长度。

放弃 (U)：取消上一步的操作。

宽度 (W)：设置多段线的宽度。

在 AutoCAD 2020 中，可以利用夹点功能对多段线进行修改。多段线夹点是多功能的，为重塑多段线的形状提供了上下文相关的选项。左键单击多段线的任何位置，显示多段线夹点，通过拖动不同夹点可以编辑多段线的形状。

3.4　绘制多边形

绘制多边形命令包括矩形命令 (Rectangle) 和正多边形命令 (Polygon)。

3.4.1　绘制矩形 (Rectangle)

绘制矩形可以用直线命令完成，矩形命令操作更为简单。利用矩形命令与直线命令绘制出的矩形不同，"矩形"命令绘制出的矩形是一个实体对象，而"直线"命令绘制出的矩形的四个边是相互独立的四个图形对象。

启动矩形命令，命令提示行窗口的执行过程如下：

命令：_rectang(启动矩形命令)；

指定第一个角点或 [倒角 (C)/ 标高 (E)/ 圆角 (F)/ 厚度 (T)/ 宽度 (W)]：(在绘图区指定一个点作为矩形的角点)；

指定另一个角点或 [面积 (A)/ 尺寸 (D)/ 旋转 (R)]：(在绘图区指定矩形的另一个角点，完成绘图，结束命令)。

命令行中其他各选项功能如下：

倒角 (C)：通过该选项可设置矩形的倒角长度，绘制出四角进行了倒角的矩形。

标高 (E) 和厚度 (T)：这两个选项都是空间概念，与二维图形的绘制无关。

圆角 (F)：通过该选项可设置矩形的圆角半径，绘制出一个带圆角的矩形。

宽度 (W)：该选项用于设置矩形四条边的线宽。

面积 (A)：该选项可以通过输入矩形的面积和长度或宽度绘制矩形。

尺寸 (D)：该选项可以通过输入矩形的长度和宽度绘制矩形。

旋转 (R)：该选项可以输入矩形的旋转角度。

3.4.2　绘制正多边形 (Polygon)

正多边形的命令可以快速准确地绘制出边数从 3 到 1024 的正多边形。根据图形中已知条件的不同，用户可以采用不同的方法绘制正多边形。

启动正多边形命令，命令提示行窗口的执行过程如下：

命令：_polygon (启动多边形命令)；

输入侧面数 <4>：6(输入多边形边数)；

指定正多边形的中心点或 [边 (E)]：(在绘图区指定正多边形的中心点)；

输入选项 [内接于圆 (I)/ 外切于圆 (C)] <I>：I(选择多边形与圆的内接关系)；

指定圆的半径：12(输入外接圆半径 12，回车完成作图)。

命令行中其他各选项功能如下：

边 (E)：通过该选项可切换成输入多边形的边长。

外切于圆 (C)：该选项表示绘制的多边形与圆外切。

3.5 绘制点 (Point)

点是最简单的图形元素。AutoCAD 2020 提供了单点 (Point)、多点 (Point)、定数等分点 (Divide) 和定距等分点 (Measure) 等四种点的绘制方式。

定数等分是指将直线或曲线按一定的份数进行等分。

定距等分是指将直线或曲线按照给定长度进行等分。

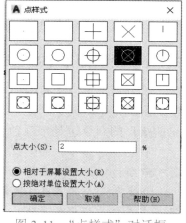

图 3-11 "点样式"对话框

系统提供了 20 种点的样式，用户可以根据作图需要进行设置。单击"格式"菜单中的"点样式"选项，可以打开"点样式"对话框，进行点样式的设置，如图 3-11 所示。

如图 3-12 所示，将曲线进行 5 等分，命令提示行窗口操作步骤如下：

命令：_divide(启动"定数等分"命令)；

选择要定数等分的对象：(在要等分的曲线上的任意位置单击左键进行选择)；

输入线段数目或 [块 (B)]：5(输入等分数量，回车完成等分，结束命令)。

如图 3-13 所示，将曲线进行 10 mm 定距等分，命令提示行窗口操作步骤如下：

命令：_measure(启动"定数等分"命令)；

选择要定距等分的对象：(在要等分的曲线上的任意位置单击左键进行选择)；

指定线段长度或 [块 (B)]：10(输入等分长度，回车完成等分，结束命令)。

注意：在定距等分时，按照指定长度绘制等分点，当剩余长度不够一份时，系统结束等分点绘制。

图 3-12 "定数等分"图例

图 3-13 "定距等分"图例

3.6　图案填充 (Hatch)

为了清晰表达零件的内部结构和形状，工程制图中需要绘制零件的剖面符号。一般采用不同的填充来区分不同材料的剖面，具体要求可参考国家制图标准有关规定。AutoCAD 2020 提供了图案填充 (Hatch) 命令来实现这一功能。可以使用图案填充、纯色填充或渐变色填充来填充现有对象或封闭区域，也可以创建新的图案填充对象。

启动图案填充命令，系统在功能区显示"图案填充创建"选项卡内容，如图 3-14 所示。"图案填充创建"选项卡包含"边界""图案""特性""原点""选项""关闭"等六个功能区面板。

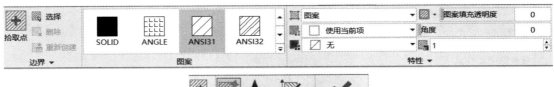

图 3-14　"图案填充创建"选项卡

"边界"功能区：用来选择拾取边界的方式。"拾取点"方式是通过选择由一个或多个对象形成的封闭图形区域内的任意点来选择填充区域的；"选择"方式是通过拾取形成封闭图形的曲线实现选择填充区域的。

"图案"功能区：用来显示所有预定义和自定义的图案，用户可根据工作需要选择填充图案。工程图中金属零件较多，其填充图案为 45° 倾斜线，在面板上选取 ANSI31 图案即可。

"特性"功能区：用来设置图案填充的类型、颜色、背景色、角度、比例等。对于金属材料填充图案，角度设置为 0 表示向右倾斜 45°，角度设置为 90 则表示向左倾斜 45°。比例表示剖面线的间隔距离。

"原点"功能区：用来设置填充图案的原点位置。

"关闭"功能区：关闭"图案填充创建"选项卡。

启动图案填充命令，采用 "拾取点"方式填充，命令提示行窗口如下：

命令：_hatch

拾取内部点或 [选择对象 (S)/ 放弃 (U)/ 设置 (T)]：(在需要填充的区域依次单击鼠标左键，回车确认，完成填充)。

选择命令提示行中"设置 (T)"选项，系统会弹出如图 3-15 所示的"图案填充和渐变色"对话框。该对话框中各项内容与"图案填充创建"选项卡中的含义相同。

选择已填充的图案，单击鼠标右键，在弹出的快捷菜单中选择"图案填充编辑"子菜单 (如图 3-16 所示)，也可以打开图 3-15 所示的"图案填充和渐变色"对话框。此时可以通过对话框中的设置对已填充的图案进行修改。

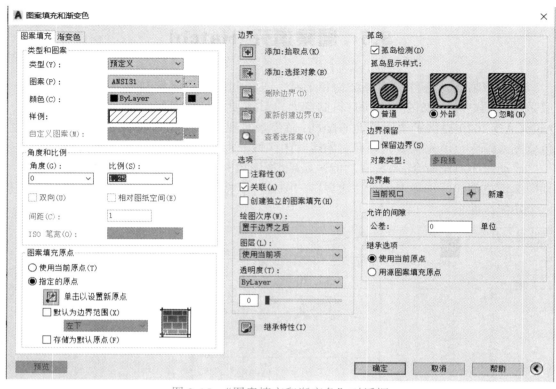

图 3-15 "图案填充和渐变色"对话框

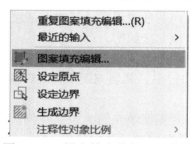

图 3-16 "图案填充编辑"子菜单

3.7 操作练习与知识巩固

(1) 绘制如图 3-17 所示的平面图形，熟练掌握直线、多段线等命令的操作方法和使用技巧。

(2) 绘制如图 3-18 所示的平面图形，熟练掌握圆、圆弧、椭圆、多边形等命令的操作方法和使用技巧。

(3) 绘制如图 3-19 所示的平面图形，熟练掌握圆、圆弧、多段线等命令的操作方法和使用技巧。

(4) 绘制如图 3-20 所示的零件图，熟练掌握直线、圆、图案填充等命令的操作方法和使用技巧。

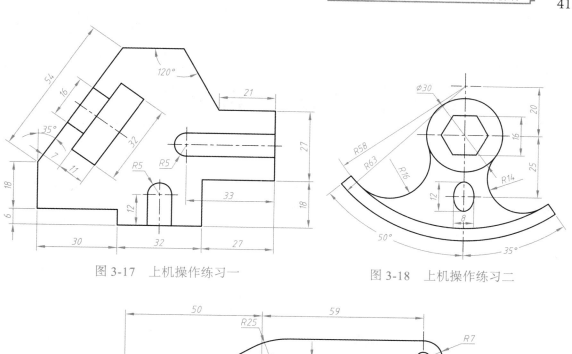

图 3-17   上机操作练习一

图 3-18   上机操作练习二

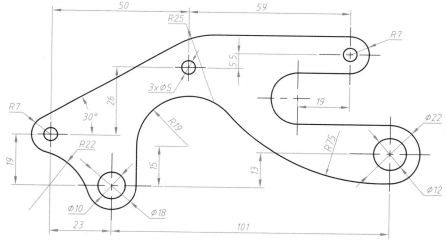

图 3-19   上机操作练习三

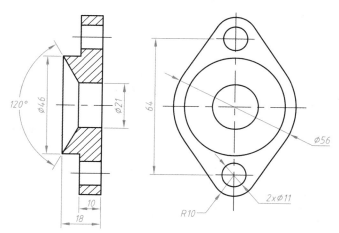

图 3-20   上机操作练习四

第4章 图形编辑与修改

图形编辑是指对于绘制好的图形进行移动、复制、修改或删除等操作。AutoCAD 2020 提供了丰富的图形编辑和修改功能,很多复杂图形主要是通过编辑和修改命令完成的。实际绘图过程中,绘图命令与编辑命令配合操作,可以提高作图效率。调用编辑命令的方法有四种:

(1) 在命令提示行窗口输入编辑命令;

(2) 单击"修改"菜单中的选项执行编辑命令,如图 4-1 所示;

(3) 单击"修改"功能区面板中的选项执行编辑命令,如图 4-2 所示;

图 4-1 "修改"菜单

图 4-2 "修改"功能区面板

(4) 单击"修改"工具栏中的选项执行编辑命令，如图 4-3 所示。

图 4-3　"修改"工具栏

在实际绘图过程中，可以利用键盘上的空格键或回车键重复执行上一个命令；也可以单击鼠标右键，在弹出的快捷菜单中选择相应的编辑命令。熟练掌握各种命令的输入方式，并在绘图中灵活运用，可以提高作图效率。

AutoCAD 2020 系统提供了两种图形编辑的操作方法：一种是先调用相关命令，然后系统提示选择要编辑的图形对象；另一种是先选择需要编辑的图形对象，再调用相关的编辑命令。这两种方法在执行图形编辑过程中效果相同，用户可以根据操作习惯灵活选用。

4.1　选择图形对象

无论选用哪种方法，都必须选择要编辑的图形对象。AutoCAD 2020 执行图形编辑或修改命令时，系统提示"选择对象"，同时十字光标会变成拾取框。此时用户可以采用下面介绍的对象选择方式进行响应。

4.1.1　使用点取法选择目标

点取法是基本的选择方式之一，用鼠标将拾取框移动到要选择的目标上单击左键，被选中的对象将会以虚线高亮显示。依次选取多个目标之后，按下回车键或鼠标右键可以确认拾取结果。

4.1.2　使用窗口方式选择目标

完全窗口选择法：单击鼠标左键，然后向右下方（或右上方）拖动光标，在绘图区出现一个实线框，当此实线框将要选目标完全框住后，单击鼠标左键，实线框中的所有目标高亮显示，表明已被选取。

图 4-4 所示为采用完全窗口选择目标的范围和选取结果，图 4-4(a) 显示了窗口选取范围，图 4-4(b) 为该窗口选取结果，由于只有两个圆完全在窗口内，所以只能选取两个圆。

交叉窗口选择法：单击鼠标左键，然后向左下方（或左上方）拖动光标，在绘图区出现一个虚线框，当此虚线框框住图形目标或与要选目标相交后，单击鼠标左键，被虚线框框中的所有目标和与虚线框相交的目标高亮显示，表明已被选取。

图 4-5 所示为采用交叉窗口选择目标的范围和选取结果，图 4-5(a) 显示了窗口选取范围，图 4-5(b) 为该窗口的选取结果。由于两个圆完全在窗口内，六条直线都与窗口相交，所以全部图形目标被选中。

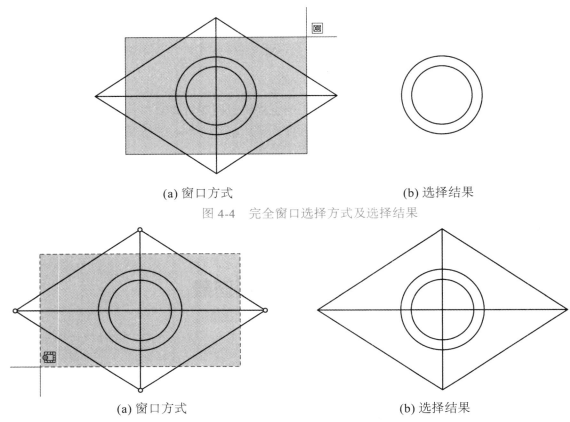

(a) 窗口方式   (b) 选择结果

图 4-4   完全窗口选择方式及选择结果

(a) 窗口方式   (b) 选择结果

图 4-5   交叉窗口选择方式及选择结果

4.1.3   使用选项法选择目标

在命令提示行窗口"选择对象："提示下，输入"?"查看选择方式，提示如下：

需要点或窗口 (W)/ 上一个 (L)/ 窗交 (C)/ 框 (BOX)/ 全部 (ALL)/ 栏选 (F)/ 圈围 (WP)/ 圈交 (CP)/ 编组 (G)/ 添加 (A)/ 删除 (R)/ 多个 (M)/ 前一个 (P)/ 放弃 (U)/ 自动 (AU)/ 单个 (SI)/ 子对象 (SU)/ 对象 (O)

此提示信息包含了系统所提供的所有对象选择方式，其中"需要点""窗口 (W)"和"窗交 (C)"就是前面讲过的三种目标选择方式。其他常用选项功能如下：

上一个 (L)：在提示选择对象的时候输入 L 并回车，即可以选择最新创建的图形。

框 (BOX)：系统根据用户在屏幕上给出的两个角点，自动引用"窗口"或"窗交"方式。

全部 (ALL)：选取绘图区全部的对象。也可以利用快捷键 Ctrl+A 全选对象。

栏选 (F)：通过若干点形成一系列彼此相交的折线，来选取与该折线相交的所有对象。

添加 (A)：转换到加入模式。用户可以用任何方式选取对象并将其加入构造集。

删除 (R)：转换到删除模式。用户可以用任何方式选取对象并将其从当前构造集移走。

前一个 (P)：在提示选择对象的时候直接输入 P 并回车，即可选中上一次选择的对象。

放弃 (U)：取消最近一次加入到选择集的对象。

子对象 (SU)：子对象即为复合对象的组成部分，比如多段线的线段和圆弧。

4.1.4　通过快速构造选择集选择目标

快速选择功能可以通过设置不同的过滤条件来快速构造选择集，从图中批量选择所有满足条件的图形对象。

单击"工具"菜单中的"快速选择"命令，或在命令提示窗口输入快速选择命令Qselect 后回车，系统会弹出"快速选择"对话框，如图 4-6 所示。用户可以通过对话框中各选项的设置进行批量选择目标。

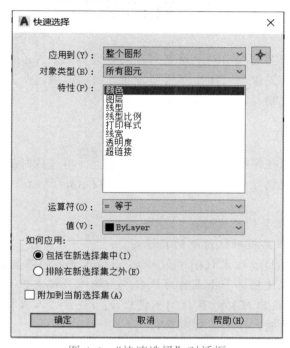

图 4-6　"快速选择"对话框

"快速选择"对话框中各部分的含义如下：

对象类型：按照图形"对象类型"进行分别选择，包括圆、多段线、弧线、单行文字、多行文字等，如果想把一张图上的所有文字都选中就可以使用这个功能快速选取。

特性：按照图形对象的"特性"进行分别选择，包括颜色、线型、图层、线宽、线型比例、打印样式等图形特性。

4.2　删除图形

在实际绘图过程中，经常需要删除多余的图线或画错的图形目标。AutoCAD 2020提供了删除 (Erase) 命令来删除图形中的对象。启动"删除"命令，命令提示行窗口提示如下：

命令：_erase
选择对象：(拾取要删除的对象)

选择对象：(按回车或鼠标右键，结束命令)

绘图过程中，也可以在没有命令执行时，直接选取要删除的目标，然后单击鼠标右键，在弹出的快捷菜单中选择"删除"命令来删除目标。在选取要删除的目标后，直接按下键盘上的"Delete"键也可以快速删除目标。删除目标的方法很多，用户可以根据自己的操作习惯灵活运用，提高作图效率。

4.3 复制图形

图形复制功能是绘图过程中对于重复对象的处理方式。AutoCAD 2020 提供的复制图形的命令包括复制、镜像、偏移和阵列等。通过灵活运用这些方法，可以快速对图形对象进行各种形式的复制，以便提高作图效率。

4.3.1 复制 (Copy)

使用复制命令可以在保持原有对象不变的基础上，将选择好的对象复制到图中的其他任何位置。启动"复制"命令，命令提示行窗口提示如下：

命令：_copy

选择对象：(选择要复制的目标)；

选择对象：(回车或右键确认选取的目标)；

指定基点或 [位移 (D) / 模式 (O)] <位移>：(输入复制的基点，或直接输入位移)；

指定第二个点或 <使用第一个点作为位移>：(输入目标点位置，或直接输入位移)；

指定第二个点或 [退出 (E)/ 放弃 (U)] <退出>：(继续输入目标点位置，用户可以将选定的对象进行多份复制，单击右键确认)。

系统默认的模式为多份复制，如果在命令执行过程中选择"模式 (O)"，可以按照提示切换成单份复制。如图 4-7 所示图形中的$\phi 28$ 和 $\phi 16$ 两个同心圆，可以通过复制来完成。

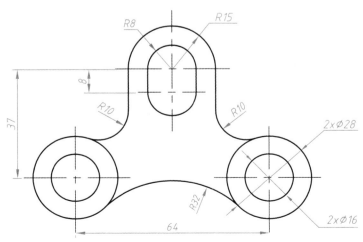

图 4-7　"复制"命令图例

4.3.2　镜像 (Mirror)

镜像命令是一种对称的复制方式，对创建对称图形对象非常有用。实际绘图时可以快速绘制一半的图形对象，然后将其进行镜像，而不必绘制整个对象。在进行镜像操作时，可以根据工作需要选择删除原对象或保留原对象。启动"镜像"命令，命令提示行窗口提示如下：

命令：_mirror

选择对象：(选择要镜像的目标，右键确认)

指定镜像线的第一点：(指定第一点)

指定镜像线的第二点：(指定第二点)

是否删除源对象？[是 (Y)/ 否 (N)] <N>：(按回车键或右键确认选项 N 保留原始对象，或者输入 Y 将源对象删除)

注意：默认情况下，镜像文字、图案填充、属性和属性定义时，它们在镜像图像中不会反转或倒置。文字的对齐和对正方式在镜像对象前后相同。如果确实需要反转文字，在命令行输入 Mirrtext 命令，将系统变量设定为 1。如图 4-8 所示图形中的矩形、圆和文字，可以通过镜像命令来完成。

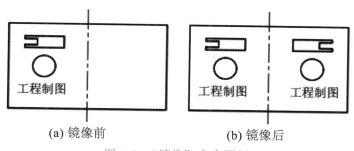

(a) 镜像前　　　　　　　　　(b) 镜像后

图 4-8　"镜像"命令图例

4.3.3　偏移 (Offset)

偏移命令是一种平行复制命令，用于创建形状与选定对象的形状平行的新对象。偏移命令可以绘制相互平行的直线、圆弧、圆、椭圆和椭圆弧、二维多段线、样条曲线等图形。偏移圆或圆弧可以创建更大或更小的圆或圆弧，这取决于偏移的方向。启动"偏移"命令，命令提示行窗口提示如下：

命令：_offset

当前设置：删除源 = 否　图层 = 源　OFFSETGAPTYPE=0

指定偏移距离或 [通过 (T)/ 删除 (E)/ 图层 (L)] <通过>：10(输入距离，回车确认)；

选择要偏移的对象，或 [退出 (E)/ 放弃 (U)] <退出>：(选择要偏移的对象)；

指定要偏移的那一侧上的点，或 [退出 (E)/ 多个 (M)/ 放弃 (U)] <退出>：(指定要偏移的一侧的任意点)；

选择要偏移的对象，或 [退出 (E)/ 放弃 (U)] <退出>：(重新选择要偏移的另一对象)；

指定要偏移的那一侧上的点，或 [退出 (E)/ 多个 (M)/ 放弃 (U)] <退出>：(指定要偏移的一侧的任意点。如果偏移距离相同，可以多次执行该过程进行多次操作，完成后

右键确认);

　　命令行其他选项含义如下:

　　通过 (T): 输入 T 使偏移对象通过一点;

　　删除 (E): 输入 E 可以选择是否删除源对象;

　　图层 (L): 输入 L 可以在偏移的同时,改变偏移对象的图层;

　　多个 (M): 输入 M 可以连续选择不同对象进行偏移;

　　退出 (E): 输入 E 退出命令;

　　放弃 (U): 输入 U 可以撤销上一次操作。

　　图 4-9(b) 为图 4-9(a) 向内侧偏移的结果。

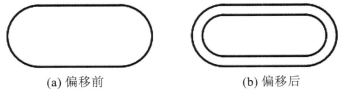

(a) 偏移前   (b) 偏移后

图 4-9 "偏移"命令图例

　　在执行偏移命令时,二维多段线和样条曲线在偏移距离大于可调整的距离时将自动进行修剪。创建更长多段线的闭合二维多段线会导致线段间存在潜在间隙,OFFSETGAPTYPE 系统变量控制这些潜在间隙的闭合方式。

4.3.4 阵列 (Array)

　　阵列命令是按照一定的排列规律进行图形复制的,用于对选中目标进行一次或多次复制,并构成一种规则的排列模式。阵列对象的排列模式有三种:矩形阵列 (Arrayrect)、路径阵列 (Arraypath) 和环形阵列 (Arraypolar),如图 4-10 所示。

　　创建多个规律排放的图形对象时,阵列比复制要更加快捷,如图 4-11 所示,图中四个 ϕ10 的圆可以用"矩形阵列"命令来完成。

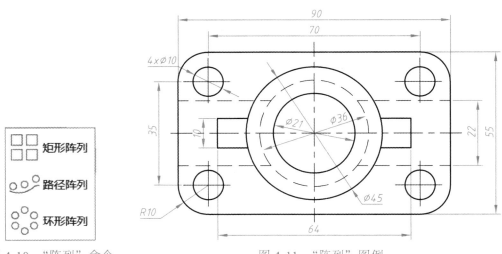

图 4-10 "阵列"命令   图 4-11 "阵列"图例

启动"阵列"命令，可以通过按钮或菜单直接输入矩形阵列、路径阵列或环形阵列，也可以在命令行输入"array"，命令提示行窗口显示如下：

命令：_array

选择对象：(选择要阵列的对象，右键确认)；

输入阵列类型 [矩形 (R)/路径 (PA)/极轴 (PO)] <极轴>：R(选择"矩形"阵列方式)；

选择夹点以编辑阵列或 [关联 (AS)/基点 (B)/计数 (COU)/间距 (S)/列数 (COL)/行数 (R)/层数 (L)/退出 (X)] <退出>：R(选择输入行数)；

输入行数数或 [表达式 (E)] <3>：3(输入 3)；

指定 行数 之间的距离或 [总计 (T)/表达式 (E)] <7.2666>：8(输入行间距，可以根据图形结构输入负值)；

指定 行数 之间的标高增量或 [表达式 (E)] <0>：(回车确认 0)；

选择夹点以编辑阵列或 [关联 (AS)/基点 (B)/计数 (COU)/间距 (S)/列数 (COL)/行数 (R)/层数 (L)/退出 (X)] <退出>：COL(选择输入列数)；

输入列数数或 [表达式 (E)] <4>：4(输入 4)；

指定 列数 之间的距离或 [总计 (T)/表达式 (E)] <7.2666>：10(输入列间距，可以根据图形结构输入负值)；

选择夹点以编辑阵列或 [关联 (AS)/基点 (B)/计数 (COU)/间距 (S)/列数 (COL)/行数 (R)/层数 (L)/退出 (X)] <退出>：(右键或回车确认阵列结果，也可以拖动图中的夹点进行列间距和行间距的修改，如图 4-12 所示)。

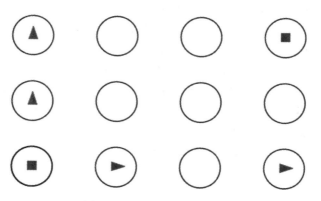

图 4-12　"矩形阵列"图例

如果选择"极轴 (PO)"阵列方式，系统执行环形阵列，命令提示行窗口显示如下：

命令：_arraypolar

选择对象：(选择要阵列的对象，右键确认)；

指定阵列的中心点或 [基点 (B)/旋转轴 (A)]：(指定旋转中心点)；

选择夹点以编辑阵列或 [关联 (AS)/基点 (B)/项目 (I)/项目间角度 (A)/填充角度 (F)/行 (ROW)/层 (L)/旋转项目 (ROT)/退出 (X)] <退出>：B(选择输入阵列基准点)；

指定基点或 [关键点 (K)] <质心>：(指定基准点)；

选择夹点以编辑阵列或 [关联 (AS)/基点 (B)/项目 (I)/项目间角度 (A)/填充角度 (F)/行 (ROW)/层 (L)/旋转项目 (ROT)/退出 (X)] <退出>：A(选择输入阵列夹角)；

指定项目间的角度或 [表达式 (EX)] <60>：60(指定夹角为 60°)；

选择夹点以编辑阵列或 [关联 (AS)/ 基点 (B)/ 项目 (I)/ 项目间角度 (A)/ 填充角度 (F)/ 行 (ROW)/ 层 (L)/ 旋转项目 (ROT)/ 退出 (X)] < 退出 >：(右键或回车确认阵列结果，也可以拖动图中的夹点进行角度和基点的修改，如图 4-13 所示)。

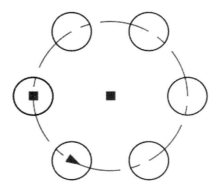

图 4-13　"环形阵列"图例

如果选择"路径 (PA)"阵列方式，系统会沿着指定路径执行命令，此时命令提示行窗口显示如下：

命令：_arraypath

选择对象：(选择要阵列的对象，右键确认)；

选择路径曲线：(指定路径，可以是直线或曲线)；

选择夹点以编辑阵列或 [关联 (AS)/ 方法 (M)/ 基点 (B)/ 切向 (T)/ 项目 (I)/ 行 (R)/ 层 (L)/ 对齐项目 (A)/z 方向 (Z)/ 退出 (X)] < 退出 >：I(选择"项目"选项)；

指定沿路径的项目之间的距离或 [表达式 (E)] <4.692>：6(指定阵列项目间距)；

指定项目数或 [填写完整路径 (F)/ 表达式 (E)] <6>：5(指定阵列数量)；

选择夹点以编辑阵列或 [关联 (AS)/ 方法 (M)/ 基点 (B)/ 切向 (T)/ 项目 (I)/ 行 (R)/ 层 (L)/ 对齐项目 (A)/z 方向 (Z)/ 退出 (X)] < 退出 >：(右键或回车确认阵列结果，也可以拖动图中的夹点进行列间距和行间距的修改，如图 4-14 所示)。

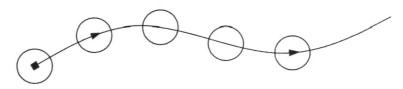

图 4-14　"路径阵列"图例

三种阵列命令执行过程中，命令提示窗口其他选项操作类似，可以参照提示行要求进行操作，这里不再赘述。如果在阵列命令执行过程中指定大量的行和列，则创建副本可能需要很长时间。默认情况下，可以由一个命令生成的阵列元素数目限制在 100 000 个左右。此限制由注册表中的 MaxArray 设置进行控制。

在实际绘图过程中，经常会遇到一些阵列结构不完整的图形，作图前要仔细观察图形结构，灵活选择作图方法。如图 4-15 所示的平面图形，可以用"矩形阵列"命令来完成。

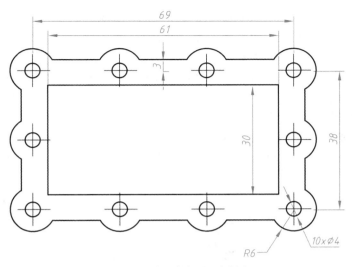

图 4-15　"矩形阵列"图例

4.4　移动图形

在实际绘图过程中，经常需要对图形位置进行改变。AutoCAD 2020 提供的移动图形的命令包括移动 (Move)、旋转 (Rotate) 和拉伸 (Stretch) 等。

4.4.1　移动 (Move)

移动命令可以以指定的角度和方向移动对象。单击"常用"选项卡中的"修改"面板上的"移动"按钮，或单击"修改"菜单中的"移动"命令，或单击修改工具栏中的"移动"按钮，或在命令行输入 move 并按回车键，都可以启动"移动"命令，命令提示行窗口提示如下：

命令：_move

选择对象：(选择要移动的目标)；

选择对象：(回车或右键确认目标)；

指定基点或 [位移 (D)] ：(输入移动参考点，或输入 D 切换成输入位移方式)；

指定第二个点或 < 使用第一点作为位移 >：(输入移动目标点，命令执行完毕)。

注意：移动的基点不一定要选择在图形对象上，可以根据作图需要将基点选择在图形上或图形之外。为了作图方便，通常选择图形元素的端点、交点、中点、圆心等几何点作为移动的基准点。

4.4.2　旋转 (Rotate)

旋转命令可以将图形对象绕指定的基点进行旋转，根据作图需要可以选择保留或删除源对象。

命令：_rotate

UCS 当前的正角方向：   ANGDIR= 逆时针 ANGBASE=0

选择对象：(选择要旋转的目标，右键确认)；

指定基点：(指定旋转中心)；

指定旋转角度，或 [复制 (C)/ 参照 (R)] <0>：C(选择保留源对象)；

指定旋转角度，或 [复制 (C)/ 参照 (R)] <0>：30(输入旋转角度为30°，回车确认。命令执行结果如图 4-16 所示)。

如果选择"参照 (R)"选项，系统将选定的对象从指定参照角度旋转到新输入的角度。在旋转命令执行过程中，也可以绕基点拖动对象并指定旋转对象的终止位置点。

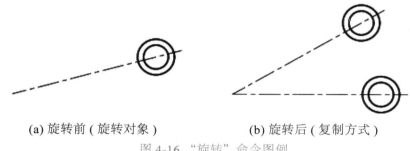

(a) 旋转前 (旋转对象)   (b) 旋转后 (复制方式)

图 4-16 "旋转"命令图例

4.4.3 拉伸 (Stretch)

拉伸命令是通过对选取图形对象进行拉伸来改变图形位置的，没有选定的图形对象保持不变。拉伸命令执行后，选择窗口外的图形不会有任何改变，选择窗口内的图形会随着窗口的移动而移动，但不会有形状的改变，只有与选择窗口相交的图形对象会自动伸缩。如图 4-17 所示，图中的缺口和圆通过拉伸命令，从图形的左侧移动到右侧。

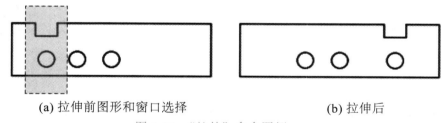

(a) 拉伸前图形和窗口选择   (b) 拉伸后

图 4-17 "拉伸"命令图例

启动"拉伸"命令，命令提示行窗口显示如下：

命令：_stretch

以交叉窗口或交叉多边形选择要拉伸的对象 ...

选择对象：指定对角点：(用交叉窗口选择对象，如图 4-17 所示的虚线框)；

选择对象：(右键确认选择对象)；

指定基点或 [位移 (D)] < 位移 >：(指定拉伸基准点，或输入 D 直接输入移动坐标)；

指定第二个点或 < 用第一个点作为位移 >：(指定拉伸目标点，结束命令)。

4.5　修改图形

在实际绘图过程中，经常需要对绘制好的图形进行修改，AutoCAD 2020 系统提供了剪切 (Trim)、延伸 (Extend)、打断 (Break)、圆角 (Fillet)、倒角 (Chamfer) 和比例缩放 (Scale) 等修改命令。通过灵活运用这些修改命令，可以对图形的大小和长度等进行编辑。

4.5.1　剪切 (Trim)

剪切命令可以对选定对象进行部分修剪。如图 4-18 所示，矩形和圆作为剪切边的图形。

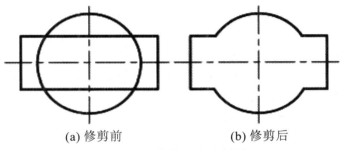

(a) 修剪前　　　　　　(b) 修剪后

图 4-18　"修剪"命令图例

启动"修剪"命令，命令提示行窗口显示如下：

命令：_trim

当前设置：投影 =UCS，边 = 无

选择剪切边…

选择对象：(拾取矩形和圆作为剪切边的对象，回车确认选择对象)；

选择要修剪的对象或按住 Shift 键选择要延伸的对象，或者 [栏选 (F)/ 窗交 (C)/ 投影 (P)/ 边 (E)/ 删除 (R)]：(在要修剪图线位置点击左键，完成后右键确认，操作结果如图 4-17 中所示修剪后的图形)。

命令提示行窗口中其他选项含义为：

栏选 (F)：系统以栏选方式选择被修剪对象。

窗交 (C)：系统以交叉窗口方式选择被修剪对象。

投影 (P)：在 3D 空间中用投影模式来延伸或修剪对象。

边 (E)：用于选定的对象与所选边界不相交，但与其延长线相交的情况。

删除 (R)：用于删除已选择的剪切边。

如果图线与剪切边没有交点，可以按住 Shift 键将图线延伸至剪切边。

4.5.2　延伸 (Extend)

延伸命令可以将被延伸对象拉长至指定的边界，在命令执行过程中可以与修剪命令进行切换。如图 4-19 所示，通过执行延伸命令，使图中所有图线与水平线 (边界) 相交且全部置于水平线上方。

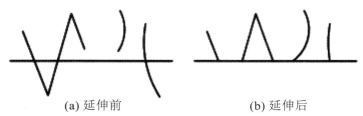

(a) 延伸前   (b) 延伸后

图 4-19 "延伸"命令图例

启动"延伸"命令，命令提示行窗口显示如下：

命令：_extend

当前设置：投影 =UCS，边 = 无

选择边界的边…

选择对象或 < 全部选择 >：(选择图中水平线作为边界，回车确认选择对象)；

选择要延伸的对象或按住 Shift 键选择要修剪的对象，或者 [栏选 (F)/ 窗交 (C)/ 投影 (P)/ 边 (E)]：(选择图中与水平线未相交直线和圆弧)；

选择要延伸的对象，或按住 Shift 键选择要修剪的对象，或 [栏选 (F)/ 窗交 (C)/ 投影 (P)/ 边 (E)/ 放弃 (U)]： (按住 Shift 键，选择图中与水平线相交直线和圆弧，完成后右键确认，结束命令，结果如图 4-18 所示)。

命令提示行窗口中其他选项含义与修剪命令相同。修剪和延伸在命令执行过程中可以相互进行切换，实际作图时可以灵活运用。

4.5.3 打断 (Break)

打断命令用于将一个对象打断为两个对象，对象之间可以具有间隙，也可以没有间隙。启动"打断"命令，命令提示行窗口显示如下：

命令：_break

选择对象：(选择要打断的对象，并把拾取点作为第一个打断点)；

指定第二个打断点或 [第一点 (F)]：(指定第二个打断点，命令执行完毕)。

此时输入 F 并回车，可以重新指定第一点和第二点。

如果指定的第一点和第二点重合，对象将被该点分成两部分。

如果打断的对象是圆，系统将按逆时针方向切掉两点之间的部分。在选择打断点时要注意选择顺序。

4.5.4 圆角 (Fillet)

圆角是工程图中常见的铸件工艺结构，在零件图中必须详细绘制。AutoCAD 2020 提供的圆角命令是利用指定半径的圆弧将两个图形对象 (直线或曲线) 光滑地进行连接，并将图形对象进行自动修剪或延伸。启动"圆角"命令，命令提示行窗口显示如下：

命令：_fillet

当前设置：模式 = 修剪，半径 = 0.0000

选择第一个对象或 [放弃 (U)/ 多段线 (P)/ 半径 (R)/ 修剪 (T)/ 多个 (U)]：R(输入 R，回车进行圆角半径修改)；

指定圆角半径 <0.0000>：5(输入圆角半径，回车确认)；

选择第一个对象或 [放弃 (U)/ 多段线 (P)/ 半径 (R)/ 修剪 (T)/ 多个 (M)]：(在绘图区选择圆角的第一个图形对象)；

选择第二个对象，或按住 Shift 键选择对象以应用角点或 [半径 (R)]：(选择第二个图形对象，命令执行完毕。此时如果按住 Shift 键选择图形对象，系统将切换成半径为 0 的圆角状态，应用角点功能)。

在命令提示行窗口中，其他各项含义如下：

多段线 (P)：对二维多段线倒圆角，系统会对选定的多段线的每个顶点进行圆角处理。

修剪 (T)：用于确定执行圆角命令后，所选图形对象在圆角处的修剪状态，可以按照提示选择修剪或不修剪。系统默认情况下为修剪状态。

多个 (U)：用来切换执行单个圆角或连续给多个对象加圆角，系统默认情况下执行单个圆角。

放弃 (U)：取消上一个圆角操作。

4.5.5　倒角 (Chamfer)

为了便于零件装配，在轴端或孔口通常会加工倒角结构，在零件图中必须详细绘制。AutoCAD 2020 提供的倒角命令可以按照零件结构要求，通过延伸或修剪两条直线对象，使两个不平行的对象恰好相交 (倒角距离为 0 时)，或将它们用一条斜线相连，并自动进行图线的修剪或延伸。启动 "倒角" 命令，命令提示行窗口显示如下：

命令：_chamfer

("修剪" 模式) 当前倒角距离 1 = 0.0000，距离 2 = 0.0000

选择第一条直线或 [多段线 (P)/ 距离 (D)/ 角度 (A)/ 修剪 (T)/ 方式 (M)/ 多个 (U)]：D(输入字母 D 并回车，进行倒角距离设置)；

指定第一个倒角距离 <0.0000>：2(输入第一个距离值)；

指定第二个倒角距离 <2.0000>：(回车确认第二个距离，也可以输入不同的距离值)；

选择第一条直线或 [放弃 (U) 多段线 (P)/ 距离 (D)/ 角度 (A)/ 修剪 (T)/ 方式 (E)/ 多个 (M)]：(在绘图区选择第一条直线)；

选择第二条直线，或按住 Shift 键选择直线以应用角点或 [距离 (D)/ 角度 (A)/ 方法 (M)]：(选择第二条直线对象，命令执行完毕。此时如果按住 Shift 键选择图形对象，系统将切换成距离为 0 的倒角状态，应用角点功能)。

在 "命令提示窗口" 中，其他各项含义如下：

角度 (A)：设置第一条直线的倒角距离和角度。

方式 (E)：可以在 "距离" 和 "角度" 两种倒角方式中选一种。

多段线、修剪、放弃和多个的含义与圆角中相应选项相同。

4.5.6　比例缩放 (Scale)

比例缩放命令用于将选择的图形对象按照指定的基点和比例因子进行放大或缩小，比例因子大于 1 为放大，比例因子小于 1 为缩小。图 4-20(a) 的比例为 1∶1，图 4-20(b) 的比例为 1∶2 。

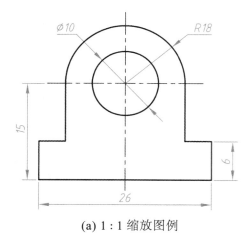
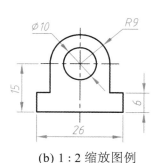

(a) 1 : 1 缩放图例   (b) 1 : 2 缩放图例

图 4-20 "比例缩放"命令图例

启动"比例缩放"命令，命令提示行窗口显示如下：

命令：_scale

选择对象：(选择要缩放的图形对象)；

选择对象：(回车确认选择目标)；

指定基点：(在绘图区指定比例缩放的基准点)；

指定比例因子或 [复制 (C)/ 参照 (R)]：0.5(输入比例因子，回车结束命令)。

在"命令提示窗口"中，其他各项含义如下：

复制 (C)：用来切换执行缩放命令后，保留原始图形，系统默认情况为不保留原始图形。

参照 (R)：输入两个长度，用其比值来确定比例因子的大小。

4.6　改变对象的特性

每个图形对象都具有不同的特性。图形特性有常规特性和特有特性，常规特性适用于多数对象，例如图层、颜色、线型、线宽、透明度和打印样式等。有些特性是针对某个特定对象的，例如除了常规特性以外，圆的特性包括半径和面积等，直线的特性包括长度和角度等特定项目。在实际绘图过程中，快速修改图形对象的特性可以提高作图效率。AutoCAD 2020 可以通过以下方式修改图形特性。

4.6.1　使用"特性"对话框改变对象的特性

选择要改变特性的图形对象，单击鼠标右键，在弹出的快捷菜单中选择"特性"选项 (如图 4-21 所示)，也可以单击"修改"菜单中的"特性"命令或在命令行输入 Properties 并回车，系统将弹出如图 4-22 所示的"特性"对话框。选择的图形对象不同，对话框显示的内容也不同。选择单个对象时，对话框显示该对象的全部特性；选择多个对象时，对话框显示所选对象的共有特性；未选择对象时，对话框显示整个图形的特性。

不管选择什么对象，该对话框都会列出对象的常规特性，如图 4-22 所示。

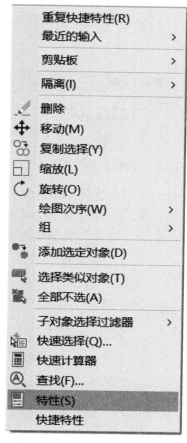

图 4-21 "特性"快捷菜单

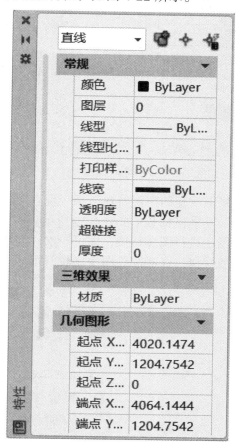

图 4-22 "特性"对话框

用户可按下列方式修改对象属性：

(1) 用键盘直接输入一个值。

(2) 从特性选项右侧的下拉列表中选择一个值。

(3) 从附加对话框中选择一个特性值。

4.6.2 使用功能区中的"特性"或"图层"面板改变对象的特性

使用"默认"选项卡上的"特性"功能区面板(如图 4-23 所示)，用户可以便捷地确认或更改图形对象的颜色、线宽、线型等特性。如果没有选择任何对象，该面板将显示将来创建的对象的默认特性。如果选择了一个或多个对象，则控件将会显示选定对象的当前特性。如果选择了一个或多个对象但是其特性不同，则这些特性的控件将为空白。如果选择了一个或多个对象，且在功能区更改了某一特性，则选定的对象将根据指定值进行更改。

选择图形对象，单击右键，在弹出的快捷菜单中选择"快捷特性"选项(如图 4-21 所示)，系统将弹出如图 4-24 所示的"快捷特性"面板，其改变图形特性的操作方法与"特性"功能区面板相同。

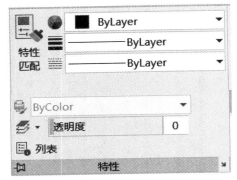

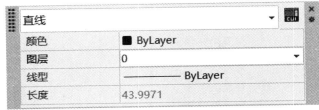

图 4-23　"特性"功能区面板　　　　　　　　图 4-24　"快捷特性"面板

　　如果需改变的图形特性与某一现有图层的设置一致，可以先选择图形对象，然后在"图层"功能区面板(如图 4-25 所示)中单击右侧的黑三角，打开图层下拉列表，选择需要的图层进行图层切换，即可一次性完成图形特性的修改。这种改变图形特性的方法更加方便快捷，在实际绘图中比较常用。

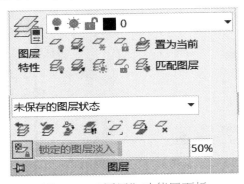

图 4-25　"图层"功能区面板

4.6.3　使用"特性匹配"功能改变对象的特性

　　通过"特性匹配"功能，可以将一个对象的某些特性或所有特性复制到其他对象。可以复制的特性类型包括颜色、图层、线型、线型比例、线宽等。默认情况下，所有可用特性均可自动从选定的第一个对象复制到其他对象。如果不希望复制特定特性，可以通过"设置"选项禁止复制该特性。在执行命令过程中可以随时选择"设置"选项。

　　单击如图 4-23 所示的"特性"功能区面板上的"特性匹配"按钮，或单击"修改"菜单中的"特性匹配"命令，也可以在命令行直接输入 Matchprop 并回车，命令提示行窗口显示如下：

命令：'_matchprop

选择源对象：(在绘图区选择要复制其特性的对象)；

当前活动设置：颜色 图层 线型 线型比例 线宽 透明度 厚度 打印样式 标注 文字 填充图案 多段线 视口 表格材质 多重引线中心对象

选择目标对象或 [设置 (S)]：(依次选择要修改特性的对象，回车结束命令)；

选择目标对象或 [设置 (S)]：(回车结束命令)。

如果要控制修改的特性，在"选择目标对象或 [设置 (S)]: "的提示下输入 S 并回车，打开"特性设置"对话框，如图 4-26 所示。系统默认情况下，所有项目均处于打开状态，用户可以根据操作需要在对话框中清除不希望复制的特性项目。

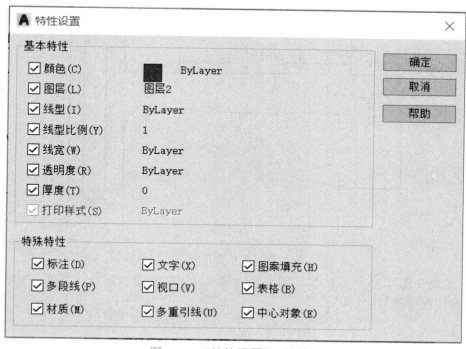

图 4-26　"特性设置"对话框

4.7　操作练习与知识巩固

(1) 绘制如图 4-27 所示的平面图形，熟练掌握阵列、修剪、圆角、旋转等命令的操作方法和使用技巧。

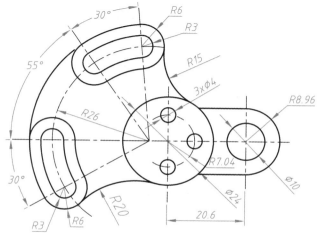

图 4-27　上机操作练习一

(2) 绘制如图 4-28 所示的平面图形，熟练掌握复制、拉伸、修剪等命令的操作方法和使用技巧。

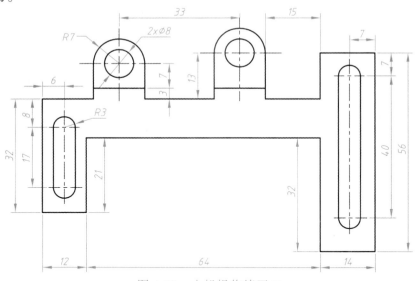

图 4-28   上机操作练习二

(3) 绘制如图 4-29 所示的零件图，熟练掌握阵列、修剪、圆角、镜像、图案填充等命令的操作方法和使用技巧。

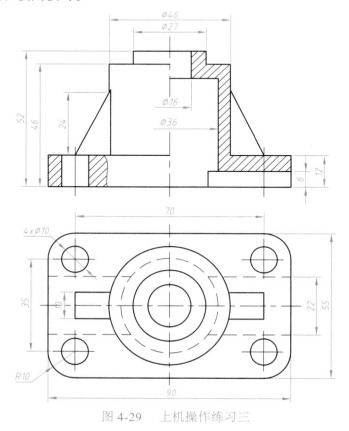

图 4-29   上机操作练习三

第5章　工程标注

工程标注包含文字注释和尺寸标注两部分。文字注释是通过文字说明对图形对象加以解释，如技术要求、标题栏和明细表等。尺寸标注用来表达图形对象的大小，是工程图样中非常重要的一部分。AutoCAD 提供了强大的文字处理能力和丰富的尺寸标注的类型，本章将详细讲述有关文字注释和尺寸标注的相关知识。

5.1　文 字 注 释

5.1.1　设置文字样式 (Style)

文字样式是用来控制文字的字体、大小、高度、宽度因子、显示效果等的一组设置。在图形中创建文字注释前，可以按照工作需要对文字样式进行定制或修改，以保证工程图样的规范性。单击"默认"选项卡中"注释"功能区面板中的"文字样式"选项 (如图 5-1 所示)，或单击"格式"菜单中的"文字样式"命令 (如图 5-2 所示)，也可以在命令行输入 Style 并回车，系统将弹出"文字样式"对话框，如图 5-3 所示。

图 5-1　"注释"功能区面板　　　图 5-2　"格式"菜单

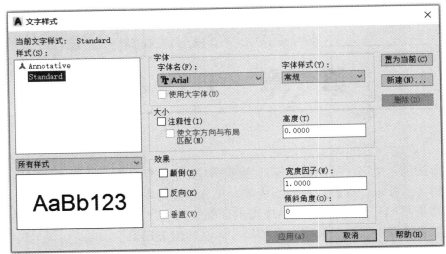

图 5-3 "文字样式"对话框

该对话框各区域的作用为：

样式 (S)：显示样式名称，默认为 Standard。用户可以点击"新建"按钮创建新的样式，在打开的对话框中输入新样式的名称，如图 5-4 所示。

图 5-4 "新建文字样式"对话框

"字体"区域："字体名 (F)"下拉列表框中包含各种字体文件，如楷体、宋体等。"字体样式 (Y)"下拉列表框中列举了不同的字体类型，如斜体、粗体等。用户可以根据工作需要选取合适的字体和类型。

"大小"区域："注释性"复选框用来指定文字为注释性文字；"使文字方向与布局匹配"复选框用来指定图纸空间视口中的文字方向与布局方向匹配，如果取消"注释性"复选框，该选项不可用；"高度"文本框可以设置字体的高度，默认值为 0，若取默认值，则在进行文本标注时系统提示输入高度。

"效果"区域："颠倒"确定是否将文字旋转 180°；"反向"确定是否将文字以镜像方式标注；"垂直"确定文字是水平标注还是垂直标注；"宽度因子"用来设置文字的宽度系数；"倾斜角度"用来设置文字的倾斜角度。

设置好的字体样式在预览框中显示，可以随时根据需要进行修改。字体样式设置完毕后，单击"应用"按钮便可将其设置为当前样式，用来进行文字标注。

5.1.2 创建文字注释

文字注释有单行文字 (Text 或 DText) 和多行文字 (MText) 两种。启动"单行文字"命令可以输入一行或通过回车输入多行文字，但每一行文字是一个独立的对象，输入时每一行可以进行重新定位。在启动 "多行文字"命令时可以通过回车进行换行来输入文字，所有文字作为一个对象进行编辑或修改。

1. 创建单行文字 (Text 或 DText)

单击"默认"选项卡中"注释"功能区的"文字"按钮下的小三角打开折叠选项，选择"单行文字"，或单击 "绘图"菜单中的"文字"选项下拉菜单中的"单行文字"命令，也可以在命令提示窗口输入 Text 或 Dtext 后回车，即可启动单行文字命令，命令提示行窗口显示如下：

命令：_text(启动单行文字命令)；

当前文字样式： "Standard" 文字高度：5.0000 注释性：否 对正：左

指定文字的起点 或 [对正 (J)/ 样式 (S)]：(在绘图区指定起点位置)；

指定高度 <5.0000>：3.5(输入文字高度)；

指定文字的旋转角度 <0>：(输入文字角度)；

TEXT：(输入文字，完成后两次回车结束命令)。

命令行其他选项含义如下：

对正 (J)：用来选择文字的对正方式。默认情况下，系统默认为左对齐。

样式 (S)：用来改变文字样式。

在"指定文字的起点或 [对正 (J)/ 样式 (S)]："提示下输入 J，提示如下：

输入选项 [左 (L)/ 居中 (C)/ 右 (R)/ 对齐 (A)/ 中间 (M)/ 布满 (F)/ 左上 (TL)/ 中上 (TC)/ 右上 (TR)/ 左中 (ML)/ 正中 (MC)/ 右中 (MR)/ 左下 (BL)/ 中下 (BC)/ 右下 (BR)]：

各项含义为：

左 (L)：要求用户指定标注文字基线的左侧端点。

居中 (C)：要求用户指定标注文字基线的中点。

右 (R)：要求用户指定标注文字基线的右侧端点。

对齐 (A)：要求用户指定标注文字基线的起点和终点位置。

中间 (M)：要求用户指定标注文字的中间点。

布满 (F)：要求用户指定标注文字基线的起点、终点及字体高度。

左上 (TL)：要求用户指定标注文字顶线左侧端点。

中上 (TC)：要求用户指定标注文字顶线的中点。

右上 (TR)：要求用户指定标注文字顶线右侧端点。

左中 (ML)：要求用户指定标注文字中线左侧端点。

正中 (MC)：要求用户指定标注文字中线的中点。

右中 (MR)：要求用户指定标注文字中线右侧端点。

左下 (BL)：要求用户指定标注文字底线左侧端点。

中下 (BC)：要求用户指定标注文字底线的中点。

右下 (BR)：要求用户指定标注文字底线右侧端点。

在"指定文字的起点或 [对正 (J)/ 样式 (S)]："提示下输入 S，提示如下：

输入样式名或 [?] <Standard>：(要求输入已定义过的字体样式名称)

如果输入"？"，在提示"输入要列出的文字样式 <*>："时按回车键，系统打开文本窗口，列出当前文件中所有字体文件。

2. 创建多行文字 (MText)

单击"默认"选项卡中"注释"功能区面板中"文字"按钮下的小三角打开折叠选项，选择"多行文字"，或单击 "绘图"菜单中的"文字"选项下拉菜单中的"多行文字"命令，也可以在命令提示窗口输入 mtext 后回车，即可启动多行文字命令，命令提示行窗口显示如下：

命令：_mtext

当前文字样式："Standard" 文字高度： 3.5 注释性： 否

指定第一角点：(在绘图区指定文字第一角点)；

指定对角点或 [高度 (H)/ 对正 (J)/ 行距 (L)/ 旋转 (R)/ 样式 (S)/ 宽度 (W)/ 栏 (C)]：(在绘图区指定文字另一角点，功能区显示"文字编辑器"选项卡和多行文字编辑器，如图 5-5、图 5-6 所示)；

图 5-5 "文字编辑器"选项卡

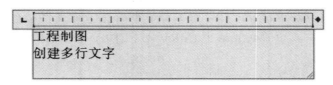

图 5-6 多行文字编辑器

在"多行文字编辑器"中输入文字，通过选项卡中的样式、格式、段落等功能区面板对文本的字体样式、高度、颜色、对正方式等进行设置。

命令行其他选项含义如下：

高度 (H)：用来指定文字高度。

对正 (J)：用来选择文字的对正方式，对齐方式与单行文字相同。

行距 (L)：用来指定文字的行间距。

旋转 (R)：用来指定文字的倾斜角度。

样式 (S)：用来改变文字样式。

宽度 (W)：用来指定文字的宽度。

栏 (C)：输入栏宽、栏高、栏间距组成矩形框作为文字范围。

3. 特殊字符的输入

在实际工作中，输入的文字中会有一些特殊符号，如正负号、角度单位、直径符号等。这些符号无法从键盘直接输入，AutoCAD 提供了相应的控制码来实现输入。工程图中常用的控制码包括上划线 (%%o)、下划线 (%%u)、角度单位 (%%d)、正负号 (%%p)、直径符号 (%%c) 等。

输入多行文字时，也可以在"文字编辑器"选项卡上的"插入"功能区单击"符号"，在弹出的菜单上单击选项之一，如图 5-7 所示，或单击"其他"显示"字符映射表"对话框，如图 5-8 所示。在"字符映射表"对话框中，选择一种字体。如果要插入单个字符，请将选定的字符拖动到编辑器中。如果要插入多个字符，请单击"选定"，将所有字符都添加到"复制字符"框中。选择了所有所需的字符后，单击"复制"。在编辑器中单击鼠标右键，单击"粘贴"。

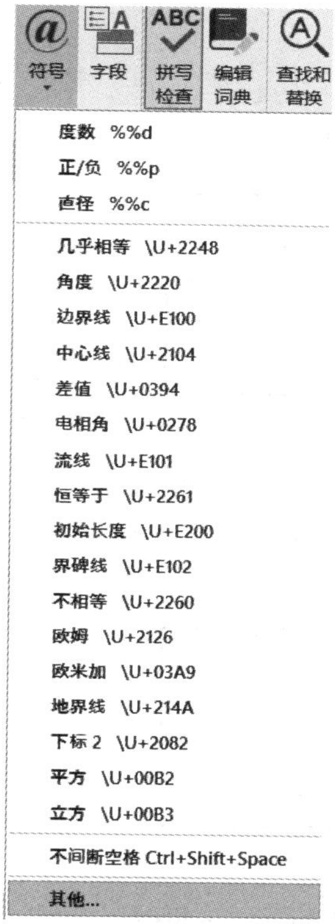

图 5-7 "符号"列表

图 5-8 字符映射表

5.1.3 编辑文本 (Mtedit)

对于已经输入的文字，可以通过编辑文本相关命令进行重新编辑和修改。单击"修改"→"对象"→"文字"→"编辑"选项，或单击"文字"工具栏中的"编辑"命令，系统提示"选择对象"时，选择文本对象。如果选择的是单行文字，此时文字高亮显示，可以直接修改。如果选择了多行文字，则会打开"文字编辑器"选项卡(见图 5-5) 和"多行文字编辑器"(见图 5-6)，可以在功能区和编辑器中进行文字内容修改和格式编辑。

在实际绘图时，也可以先选择文字，然后单击鼠标右键，在弹出的快捷菜单中选择"编辑"(单行文字) 或"编辑多行文字"(多行文字) 进行文字编辑。在进行多行文字编辑时，必须先在"多行文字编辑器"窗口中选中要编辑的文字，然后才能在"文字编辑器"选项卡中进行相应的修改。如图 5-9 所示的标题栏中的文字可先复制再修改。

作图步骤如下：

第 1 步，用"直线""偏移""修剪"等命令绘制标题栏，如图 5-10 所示。

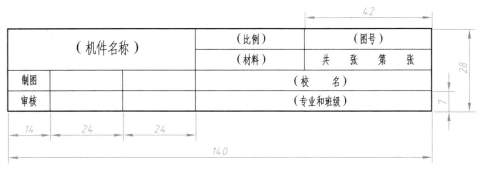

图 5-9　文字编辑图例

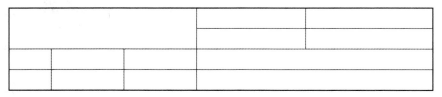

图 5-10　绘制标题栏

　　第 2 步，用"多行文字"填写其中一个格的文字"制图"，如图 5-11 所示。指定文字所在格的对角点为书写范围，设置字体为"gbeict.shx"，字高为 5，对正方式为"正中"对齐。

制图				

图 5-11　填写标题栏文字

　　第 3 步，用"复制"命令将"制图"复制到相应的格子中，如图 5-12 所示。在复制过程中，原文本的字体、高度、对正方式等信息完全复制到副本文字中，无需再进行设置。

制图		制图	制图
		制图	制图
制图		制图	
审核		制图	

图 5-12　复制标题栏文字

　　第 4 步，用"文本编辑"功能将"制图"按照图 5-9 中的文字大小和文字内容进行修改，如图 5-13 所示。标题栏中"机件名称"字体高度为 7，其他文字高度均为 5。

（机件名称）		（比例）	（图号）
		（材料）	共　张 第　张
制图		（校　名）	
审核		（专业和班级）	

图 5-13　编辑标题栏文字

5.2　表　　格

工程图中有时需要绘制表格，如零件图中的参数表、装配图中的明细表等。如果用绘图和编辑命令来完成，过程比较烦琐。AotuCAD 2020 提供了表格功能，可以方便快捷地创建表格，提高作图效率。

5.2.1　设置表格样式 (Tablestyle)

表格样式是用来控制表格的基本形状、文字特性和边框特性的设置。单击功能区"注释"功能区面板中的"表格样式"选项 (如图 5-14 所示)，或者单击"格式"菜单中的"表格样式"子菜单 (如图 5-15 所示)，也可以打开"样式"工具栏选择"表格样式管理器"，或在命令提示窗口输入"tablestyle"，都可以打开"表格样式"对话框，单击"新建"弹出"创建新的表格样式"编辑框 (如图 5-16 所示)，输入新样式名后单击"继续"，打开"新建表格样式"对话框，如图 5-17 所示。

用户可以根据实际工作需要，在"新建表格样式"对话框中通过对"常规""单元样式"等标签的设置，修改表格的基本形式、文字特性和边框特性等，创建各种不同的表格样式。

图 5-14　"注释"功能区面板　　　　　图 5-15　"格式"菜单

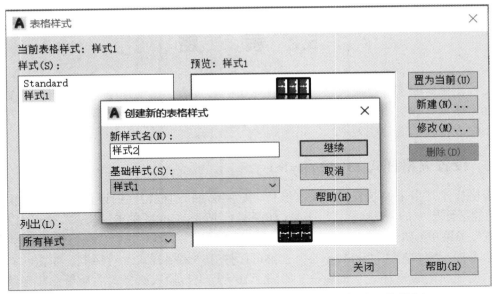

图 5-16 "表格样式"对话框和"创建新的表格样式"编辑框

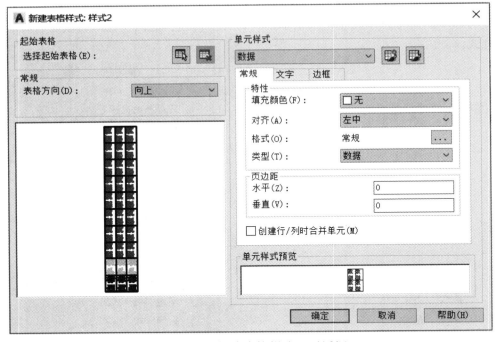

图 5-17 "新建表格样式"对话框

5.2.2 创建表格 (Table)

设置好表格样式后,单击"绘图"菜单或工具栏中的"表格",或在"注释"功能区面板中选择"表格",或在命令提示窗口输入"table"回车,启动"表格"命令,均可打开"插入表格"对话框,如图 5-18 所示。在对话框中可以选择"表格样式""插入方式",可以设置表格的"行数"和"列数"、设置表格的单元样式等。

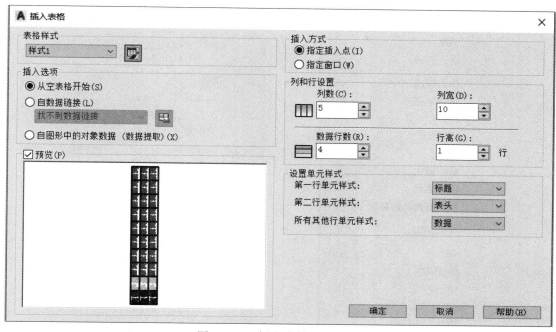

图 5-18　"插入表格"对话框

如图 5-18 所示，表格的插入方式有"指定插入点"和"指定窗口"两种。

"指定插入点"是指定表格的"标题"框的左侧角度。如果标题在上方，则指定的是表格的左上角；如果标题在下方，则指定的是表格的左下角。

"指定窗口"指定的是表格的大小和位置。此时表格的"列和行设置"区域的参数只能指定一个，另一个参数取决于指定的表格窗口的大小，系统自动等分生成。

5.2.3　编辑表格 (Tabledit)

表格编辑包括单元格尺寸设置和表格文字编辑。

AutoCAD 2020 创建的表格可以进行单元格的合并、删除、增加等操作。在表格的任意一个单元格单击左键，功能区弹出"表格单元"选项卡，如图 5-19 所示。在"表格单元"选项卡中的"行""列""合并"等面板中可以进行删除、插入、合并行和列的相关操作。

图 5-19　"表格单元"选项卡

如果要对单元格的尺寸进行修改，可以单击要修改的单元格，单击鼠标右键，在弹出的快捷菜单中选择"特性"(如图 5-20 所示)，打开表格"特性"选项板(如图 5-21 所示)进行修改。

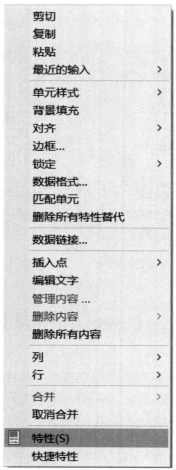

图 5-20 "表格"快捷菜单

图 5-21 表格"特性"选项板

利用表格功能，图 5-9 所示标题栏的绘制方法如下：

第 1 步，设置表格样式。在"新建表格样式"对话框中，"单元样式"区域中选择"数据"选项，"常规"标签参数设置如图 5-22 所示，"文字"标签参数设置如图 5-23 所示。

图 5-22 "常规"标签设置

图 5-23 "文字"标签设置

第 2 步，创建表格。在"插入表格"对话框中，选择上一步新建的表格样式，插入方式选择"指定插入点"，设置"列数"为 5，"列宽"为 24，"行数"为 4，"行高"为 1，如图 5-24 所示。单击"确定"在绘图区插入表格，如图 5-25 所示。

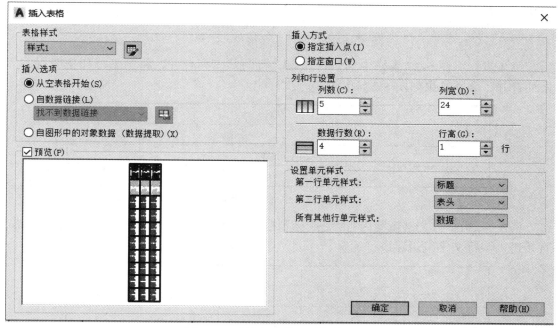

图 5-24　"插入表格"对话框设置

图 5-25　"插入表格"结果

第 3 步，删除"标题"栏 (第一行) 和"表头"栏 (第二行)，如图 5-26 所示。

图 5-26　删除"标题"栏和"表头"栏的结果

然后选择单元格 A，单击右键，在弹出的"快捷菜单"中选择"特性"，打开表格"特性"选项板 (如图 5-21 所示)，将"单元宽"的值修改为 14，"单元高"的值修改为 7。依此类推，将单元格 B 的"单元高"的值修改为 7。将单元格 C 的"单元宽"的值修改为 36，"单元高"的值修改为 7。将单元格 D 的"单元宽"的值修改为 42，"单元高"的值修改为 7。修改结果如图 5-27 所示。

			D
		C	
	B		
A			

图 5-27   修改单元格尺寸结果

第 4 步，将图 5-27 表格中第一行和第二行的前三列合并，将第三行和第四行的后两列合并，合并结果如图 5-28 所示。

图 5-28   单元格合并结果

第 5 步，用多行文字填写内容，完成标题栏绘制，如图 5-29 所示。也可以双击单元格，直接进入多行文字编辑器进行编辑。

（机件名称）		（比例）	（图号）
		（材料）	共 张 第 张
制图		（校 名）	
审核		（专业和班级）	

图 5-29   标题栏文字填写结果

5.3   尺 寸 标 注

尺寸标注是工程制图的重要组成部分，AutoCAD 提供了多种类型的尺寸标注样式及标注方法。可以在各个方向上为各类对象创建标注，也可以方便快速地以一定格式创建符合行业或项目标准的标注。

5.3.1   设置标注样式 (Dimstyle)

标注样式可以控制尺寸标注的格式和外观。不同国家、不同行业有不同的行业标注标准，进行尺寸标注前，必须设置符合所用制图标准的标注样式。在 AutoCAD 2020 中，可以用对话框来设置标注样式。

单击"默认"选项卡中的"注释"功能区面板下的黑三角，在显示的"注释"功能区面板中选择"标注样式"选项（如图 5-30 所示），或者单击"格式"菜单中的"标注样式"子菜单（如图 5-31 所示），也可以打开"标注"工具栏选择"标注样式"，或在命令提示窗口输入"dimstyle"，都可以打开"标注样式管理器"对话框，单击"新建"弹出"创建新标注样式"编辑框（如图 5-32 所示），输入新样式名单击"继续"，打开"新建标注样式"对话框，如图 5-33 所示。

图 5-30 "注释"功能区面板　　　　图 5-31 "格式"菜单

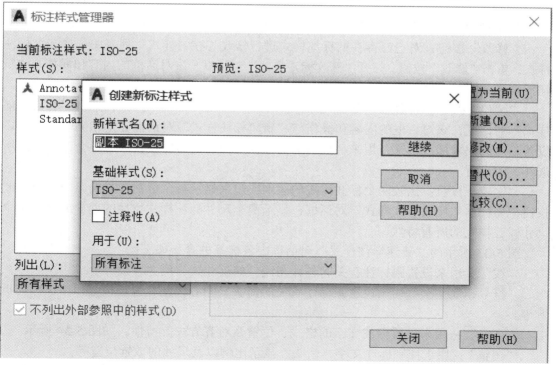

图 5-32 "标注样式管理器"对话框和"创建新标注样式"编辑框

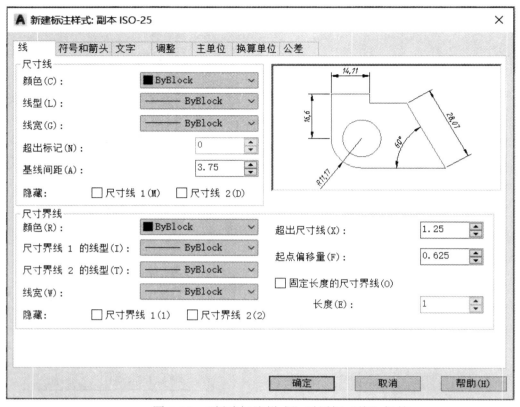

图 5-33　"新建标注样式"对话框"线"标签

图 5-32 所示对话框中，其他选项含义如下：

"修改"按钮：对已经存在的标注样式进行修改。在"样式"列表中选择一个标注样式，单击"修改"按钮，打开"修改标注样式"对话框，该对话框的内容和操作与"新建标注样式"对话框完全相同。

"替代"按钮：设置临时覆盖尺寸标注样式。单击"替代"按钮，打开"替代当前样式"对话框，该对话框的内容和操作与"新建标注样式"对话框完全相同。用户可以设置临时的尺寸标注样式，用来替代当前尺寸标注样式的相应设置。这不会改变当前所选样式的设置。

"比较"按钮：比较两个标注样式的区别或用来显示某个标注样式的参数。单击此按钮，将弹出"比较标注样式"对话框，显示两个尺寸标注样式特性的差异或显示单个尺寸标注样式的所有特性。

图 5-33 所示的"新建标注样式"对话框中各标签的含义如下：

"线"：用来设置跟标注有关的各种图线，如尺寸线、尺寸界线等。

"符号和箭头"：用来设置跟标注有关的箭头、圆心标记、弧长符号和半径标注折弯等。

"文字"：用来设置标注文字的格式、位置及对齐方式等特性，如图 5-34 所示。

"调整"：用于控制标注文字、箭头、显示比例以及尺寸的放置位置等。

"主单位"：设置主单位的格式、精度、标注的比例因子和标注文字的前缀和后缀等。

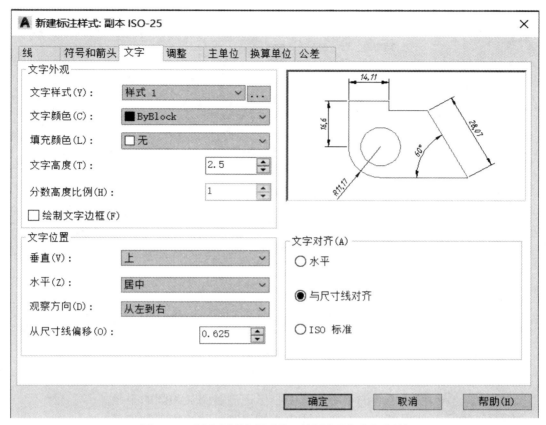

图 5-34 "新建标注样式"对话框"文字"标签

"换算单位":用于设置换算单位的格式和精度。

"公差":控制尺寸公差的显示格式。

完成以上各项设置后,单击"确定"保存设置,关闭"新建标注样式"对话框。单击"标注样式管理器"对话框中的"关闭"按钮,完成标注样式设置。

5.3.2 尺寸类型与标注

AutoCAD 2020 系统为用户提供了各种尺寸标注的方法,可以通过"默认"选项卡中的"注释"功能区面板(如图 5-35 所示)、"注释"选项卡中的"标注"和"引线"功能区面板(如图 5-36、图 5-37 所示)、"标注"工具栏(如图 5-38 所示)、"标注"菜单以及相应的标注命令来启动各种标注功能。

各种标注的含义如下:

线性标注 ⊢┤:用于标注两点间的距离,标注时可以创建水平、垂直或旋转的线性标注。

对齐标注 ⟍:用于标注尺寸线平行于尺寸界线原点的线性标注,如斜线、斜面的标注。

坐标标注 ⊞:测量原点(称为基准)到标注特征(例如部件上的一个孔)的垂直距离。这种标注保持特征点与基准点的精确偏移量,从而避免增大误差。

图 5-35 "注释"功能区面板

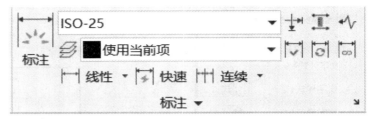

图 5-36 "标注"功能区

图 5-37 "引线"功能区

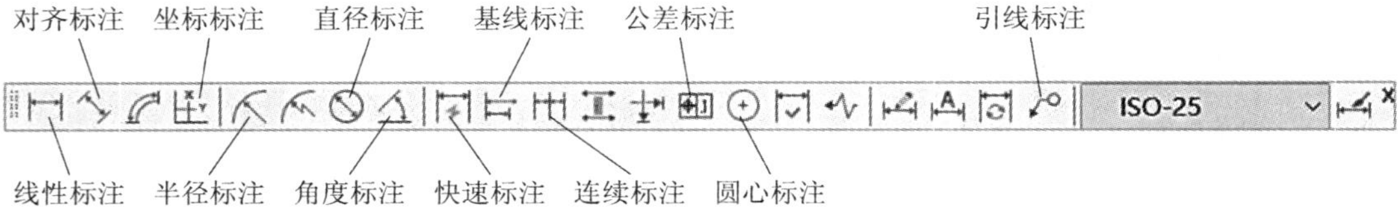

对齐标注　坐标标注　　　直径标注　　基线标注　公差标注　　　　　　引线标注

线性标注　半径标注　角度标注　快速标注　连续标注　圆心标注

图 5-38 "标注"工具栏

半径标注 ⌒：使用可选的中心线或中心标记测量圆弧和圆的半径。

直径标注 ⊘：使用可选的中心线或中心标记测量圆弧和圆的直径。

角度标注 △：测量两条直线或三个点之间的角度。

快速标注 ⊢⊣：可以一次性标注多个相邻或相近实体的同一类尺寸，如基线、连续等。

基线标注 ⊢：创建自同一基线处测量的多个标注。

连续标注 ⊢⊢：创建首尾相连的多个标注。

在创建基线或连续标注之前，必须创建线性、对齐或角度标注。可在当前任务最近创建的标注中以增量方式创建基线标注。

引线标注 ⌒°：可以对图形对象中的某一部分作注释说明。

公差标注 ⊞：创建几何公差标注。

圆心标注 ⊕：标注圆或圆弧的中心标记。

5.3.3　基本标注

线性、对齐、半径、直径、角度、连续、基线等基本标注的操作比较简单，如图 5-39 所示的平面图形标注过程如下：

命令：_dimlinear(启动"线性"标注)；

指定第一个尺寸界线原点或 < 选择对象 >：(指定 86 水平线的一个端点)；

指定第二条尺寸界线原点：(指定 86 水平线的另一个端点)；

指定尺寸线位置或 [多行文字 (M)/ 文字 (T)/ 角度 (A)/ 水平 (H)/ 垂直 (V)/ 旋转 (R)]：(指定尺寸线位置，注意尺寸线与轮廓线的间隔，完成 86 标注)；

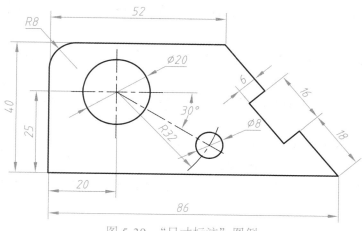

图 5-39　"尺寸标注"图例

命令：　dimlinear(重复"线性"标注)；

指定第一个尺寸界线原点或 < 选择对象 >：(指定 40 尺寸的一个端点)；

指定第二条尺寸界线原点：(指定 40 尺寸的另一个端点)；

指定尺寸线位置或 [多行文字 (M)/ 文字 (T)/ 角度 (A)/ 水平 (H)/ 垂直 (V)/ 旋转 (R)]：(指定尺寸线位置，注意尺寸线与轮廓线的间隔，完成 40 标注)；

命令：　dimlinear(重复"线性"标注)；

指定第一个尺寸界线原点或 < 选择对象 >：(指定 20 尺寸的一个端点)；

指定第二条尺寸界线原点：(指定 20 尺寸的另一个端点)；

指定尺寸线位置或 [多行文字 (M)/ 文字 (T)/ 角度 (A)/ 水平 (H)/ 垂直 (V)/ 旋转 (R)]：(指定尺寸线位置，注意尺寸线与轮廓线的间隔，完成 20 标注)；

命令：　dimlinear(重复"线性"标注)；

指定第一个尺寸界线原点或 < 选择对象 >：(指定 25 尺寸的一个端点)；

指定第二条尺寸界线原点：(指定 25 尺寸的另一个端点)；

指定尺寸线位置或 [多行文字 (M)/ 文字 (T)/ 角度 (A)/ 水平 (H)/ 垂直 (V)/ 旋转 (R)]：(指定尺寸线位置，注意尺寸线与轮廓线的间隔，完成 25 标注)；

命令：　_dimaligned(启动"对齐"标注)；

指定第一个尺寸界线原点或 < 选择对象 >：(指定 18 尺寸的一个端点)；

指定第二条尺寸界线原点：(指定 18 尺寸的另一个端点)；

指定尺寸线位置或 [多行文字 (M)/ 文字 (T)/ 角度 (A)]：(指定尺寸线位置，注意尺寸线与轮廓线的间隔，完成 18 标注)；

命令：　dimaligned(重复"对齐"标注)；

指定第一个尺寸界线原点或 < 选择对象 >：(指定 16 尺寸的一个端点)；

指定第二条尺寸界线原点：(指定 16 尺寸的另一个端点)；

指定尺寸线位置或 [多行文字 (M)/ 文字 (T)/ 角度 (A)]：(指定尺寸线位置，注意尺寸线与 18 尺寸共线，完成 16 标注)；

命令：　_dimdiameter(启动"直径"标注)；

选择圆弧或圆：(指定 ϕ20 的圆)；

指定尺寸线位置或 [多行文字 (M)/ 文字 (T)/ 角度 (A)]：(指定尺寸线位置，完成标注)；

命令：dimdiameter(重复"直径"标注)；

选择圆弧或圆：(指定 φ8 的圆)；

指定尺寸线位置或 [多行文字 (M)/ 文字 (T)/ 角度 (A)]：(指定尺寸线位置，完成标注)；

命令：_dimradius(启动"半径"标注)；

选择圆弧或圆：(指定 R8 的圆弧)；

指定尺寸线位置或 [多行文字 (M)/ 文字 (T)/ 角度 (A)]：(指定尺寸线位置，完成标注)；

命令：dimradius(重复"半径"标注)；

选择圆弧或圆：(指定 R32 的圆弧)；

指定尺寸线位置或 [多行文字 (M)/ 文字 (T)/ 角度 (A)]：(指定尺寸线位置，完成标注)；

命令：_dimangular(启动"角度"标注)；

选择圆弧、圆、直线或 < 指定顶点 >：(指定 φ20 圆的水平点画线)；

选择第二条直线：(指定 30° 的另一条倾斜点画线)；

指定标注弧线位置或 [多行文字 (M)/ 文字 (T)/ 角度 (A)/ 象限点 (Q)]：(指定尺寸线位置，完成标注)。

在执行标注命令的过程中，可以通过命令提示窗口的选项，进行文字、多行文字、角度、旋转等内容的编辑和修改，来实现各种不同形式的标注。这些操作比较简单易懂，用户可以根据提示进行操作，这里不再赘述。

5.3.4 引线标注

引线标注用于给图形添加旁注或说明。引线可以是一条直线或样条曲线，引线一端可以带有箭头，也可以没有箭头，另一端带有多行文字对象或图块。在某些情况下，有一条短水平线 (又称为基线) 将文字或块和特征控制框连接到引线上。基线和引线与多行文字对象或块关联，因此当重定位基线时，内容和引线将随其移动。

单击"默认"选项卡中的"注释"功能区面板中的"多重引线样式"，或单击"注释"选项卡中"引线"功能区面板右下角的箭头，系统将弹出"多重引线样式管理器"对话框，如图 5-40 所示。单击"新建"按钮，弹出"创建新多重引线样式"编辑框，输入名称，单击"继续"，打开"修改多重引线样式"对话框，如图 5-41 所示。在对话框中可以根据绘图需要对引线格式、引线结构、内容进行编辑和修改。在"引线格式"选项卡中，可以对引线的类型、颜色、线型、线宽以及箭头的符号和尺寸等进行设置。在"引线结构"选项卡中，可以指定多重引线基线的点的最大数目、设定基线距离等。在"内容"选项卡中，可以为多重引线指定文字或块，并对指定的文字或块进行设置。

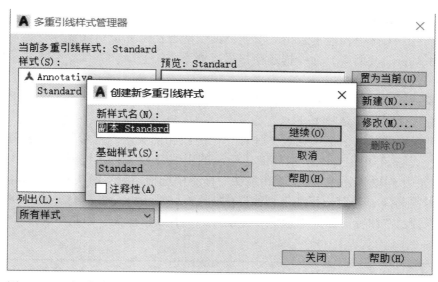

图 5-40　"多重引线样式管理器"对话框和"创建新多重引线样式"编辑框

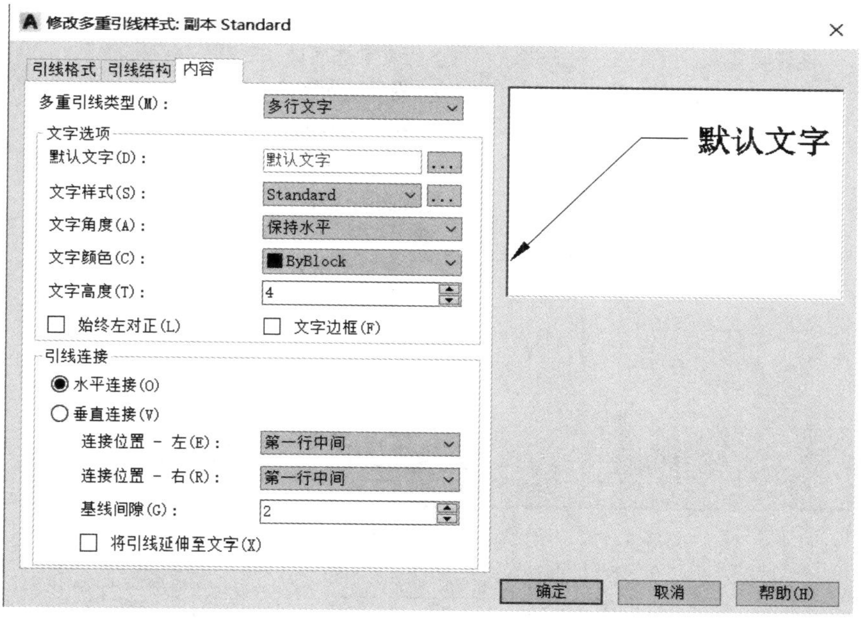

图 5-41　"修改多重引线样式"对话框

　　可以从图形中的任意点或部件创建引线并在绘制时控制其外观。引线可以是直线段或平滑的样条曲线。使用直线创建引线的步骤如下：

　　命令：_mleader(启动"多重引线"命令)；

　　指定文字的第一个角点或 [引线箭头优先 (H)/ 引线基线优先 (L)/ 选项 (O)] <选项>：(指定多行文字的一个对角点)；

　　指定对角点：(指定多行文字的另一个对角点，弹出"多行文字编辑器"，输入引线内容，左键单击空白区域，结束文字输入)；

指定引线箭头的位置：(指定引线箭头指引点，结束命令)。

在实际绘图工作中，经常采用"快速引线"的方法来完成引线操作。在命令提示窗口输入"qleader"并回车，命令提示窗口显示如下：

命令：qleader

指定第一个引线点或 [设置 (S)] < 设置 >：(输入"S"并回车，系统弹出如图 5-42 所示的"引线设置"对话框)。

在"引线设置"对话框中通过"注释""引线和箭头""附着"三个标签对引线的各部分进行设置。如图 5-43 所示的倒角标注的引线设置为："注释"标签中选择"多行文字"(如图 5-42 所示)，"引线和箭头"标签中选择"无"箭头 (如图 5-44 所示)，"附着"标签选择"最后一行加下划线"(如图 5-45 所示)。图 5-43 中的几何公差标注的引线设置为："注释"标签中选择"公差"，"引线和箭头"标签中选择"实心闭合"箭头。

图 5-42 "引线设置"对话框"注释"标签

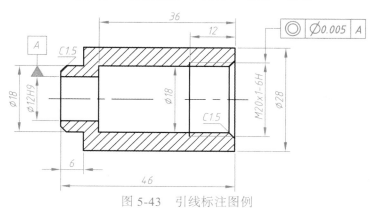

图 5-43 引线标注图例

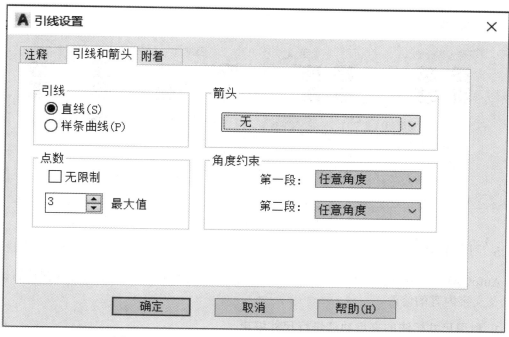

图 5-44　"引线设置"对话框"引线和箭头"标签

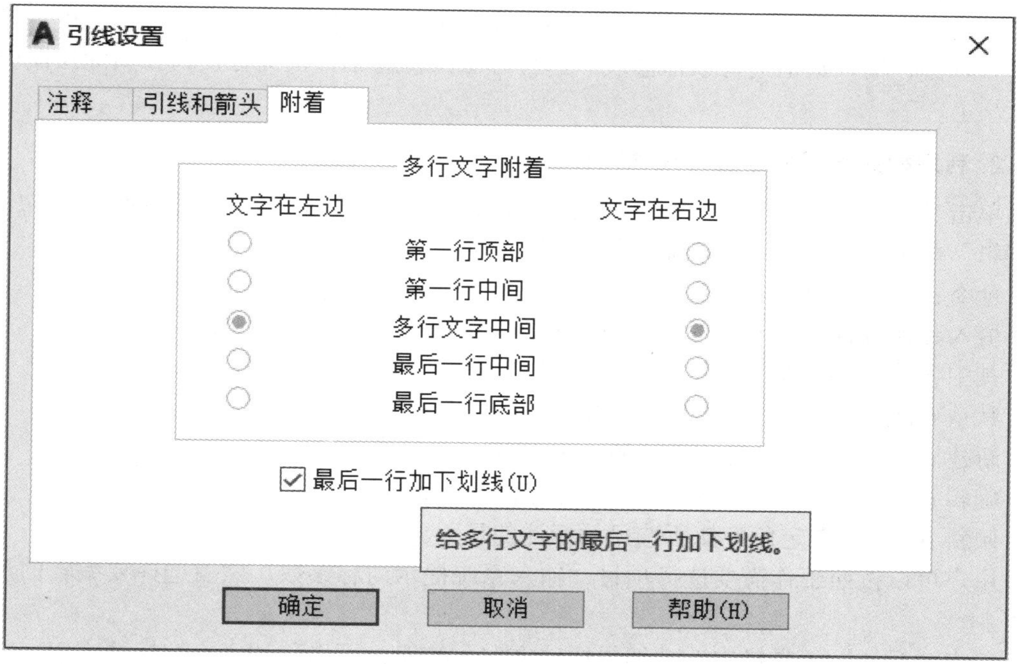

图 5-45　"引线设置"对话框"附着"标签

在标注几何公差时，系统会弹出如图 5-46 所示的"形位公差"对话框，在对话框中单击黑色框，将打开相应的选项，用户根据标注需要进行选择即可。在白色的编辑框可以输入标注参数，输入完成后单击"确定"，进入绘图区指定几何公差的标注位置，完成标注。

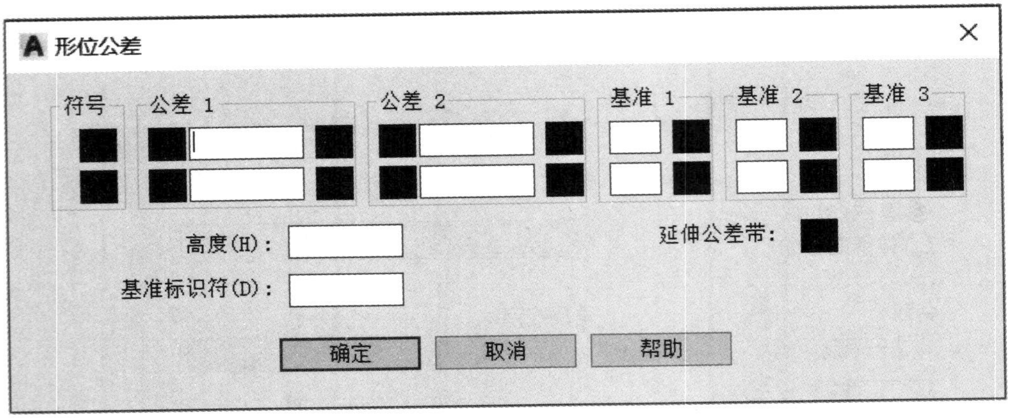

图 5-46　"形位公差"对话框

5.3.5　尺寸编辑

AutoCAD 2020 提供了标注编辑功能，对已经标注好的尺寸可以进行标注位置的移动以及文字内容的修改。

1．利用尺寸标注的夹点功能进行尺寸编辑

在任意尺寸标注上单击左键，尺寸界线、尺寸线、箭头或尺寸数字上会出现一些夹点，拖动其中一个夹点可以改变尺寸线和尺寸数字的标注位置。双击尺寸标注可以显示文字编辑器，输入新值进行数值修改。这种方法操作简单，快捷方便，在实际绘图中应用广泛。

2．利用相关编辑命令进行尺寸编辑

单击"标注"工具栏中的"标注编辑"按钮，可以编辑标注文字和延伸线。启动"标注编辑"命令，命令提示窗口显示如下：

命令：_dimedit

输入标注编辑类型 [默认 (H)/ 新建 (N)/ 旋转 (R)/ 倾斜 (O)] < 默认 >：

其中各选项含义如下：

默认 (H)：尺寸文本按所选尺寸样式默认位置和方向。

新建 (N)：更新所选尺寸标注的文本内容。

旋转 (R)：按指定角度旋转所选尺寸标注的文本内容。

倾斜 (O)：按指定角度使所选尺寸标注的尺寸界线倾斜。

用户可以按照工作需要选择项目，输入系统提示内容参数，然后选择要编辑的尺寸即可。

单击"标注"工具栏中的"编辑标注文字"按钮，可以移动、旋转标注文字，重新定位尺寸线。启动"编辑标注文字"命令，命令提示窗口显示如下：

命令：_dimtedit

选择标注：(选择要编辑的尺寸)；

为标注文字指定新位置或 [左对齐 (L)/ 右对齐 (R)/ 居中 (C)/ 默认 (H)/ 角度 (A)]：(指定标注文字的新位置)。

其中各选项含义如下：

左对齐 (L)：控制尺寸文本位于尺寸线左侧。

右对齐 (R)：控制尺寸文本位于尺寸线右侧。

居中 (C)：控制尺寸文本位于尺寸线中点位置。

默认 (H)：尺寸文本与所用尺寸样式一致。

角度 (A)：按指定的旋转角度显示尺寸文本。

用户可以按照工作需要选择项目。如果选择"角度 (A)"选项，则需要输入角度，然后回车即可完成尺寸编辑。

3. 利用尺寸标注的"特性"选项板进行尺寸编辑

在绘图区选取一个尺寸，单击鼠标右键，在弹出的快捷菜单中选择"特性"，系统弹出尺寸标注"特性"选项板，如图 5-47 所示。在该选项板中可以对所选尺寸的常规特性、尺寸线、尺寸界线、文字、尺寸公差等内容进行编辑。

图 5-47　"特性"选项板

5.4　操作练习与知识巩固

(1) 绘制并填写如图 5-48 所示的标题栏和图 5-49 所示的明细表，熟练掌握表格创建、表格编辑、文字注写等。

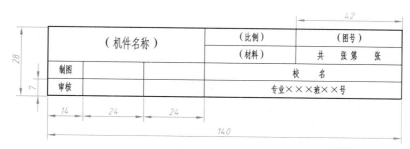

图 5-48　上机操作练习 (标题栏)

序号	代号	名称	数量	材料	备注
6	GB/T77.1	垫圈10	1	Q235A	
5	GB/T 6170	螺母M10	1	Q235A	
4	HL-04	托架	1	HT200	
3	HL-03	衬套	1	ZCuZn38	
2	HL-02	滑轮	1	LY13	
1	HL-01	心轴	1	45	

图 5-49　上机操作练习 (明细表)

(2) 抄画如图 5-50 所示的零件图 (A4 幅面)，熟练掌握零件图工程标注等相关知识，进一步巩固绘图命令和修改命令。

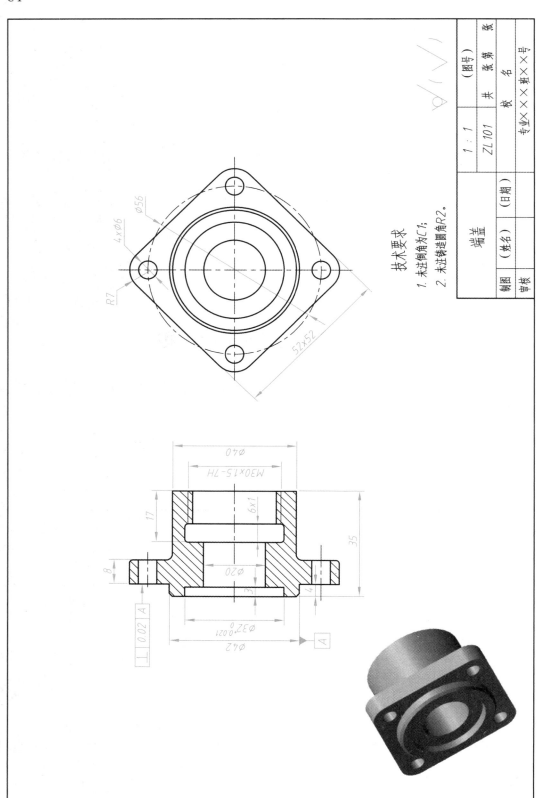

技术要求
1. 未注倒角为C1；
2. 未注铸造圆角R2。

端盖

1：1
ZL101

专业×××班××号

（图号）

共 张 第 张 张

校   名

（日期）

制图   （姓名）
审核

图 5-50   端盖零件图

第6章 图块操作

在实际绘图过程中，会遇到一些反复使用的图形结构，如果每次都重新绘制，会造成大量重复工作。AutoCAD 提供了图块功能来解决这个问题。图块是由一组图形对象构成的集合。图块作为一个整体单元，系统只需保存其特征参数，如块名、插入坐标、缩放比例、旋转角度等，而不保存图块中每个实体的特征参数。因此，在绘制比较复杂的图形时，利用图块可以节省大量的磁盘空间。

6.1 创建与保存图块

把重复使用的图形定义为图块，并形成图块库，有利于反复使用相同的图形。如粗糙度符号、基准符号、标题栏、标准件等。图块根据其使用的范围可分成两种：一种是通过"BLOCK"命令创建图块，该图块只能在其所在的当前图形文件中使用，不能被其他图形文件调用；另一种是通过"WBLOCK"命令创建图块，该图块是以图形文件的形式写入磁盘，可以在任意的图形文件中进行调用。

6.1.1 创建图块 (Block)

将需要定义成块的图形绘制完成后，通过以下方式之一启动创建图块命令：

(1) 在"命令提示窗口"输入"Block"并回车。

(2) 单击"默认"选项卡中"块"功能区面板上的"创建"块按钮，如图 6-1 所示。

(3) 单击"插入"选项卡中"块定义"功能区面板上的"创建块"按钮，如图 6-2 所示。

(4) 单击"绘图"工具栏中的"创建块"按钮，如图 6-3 所示。

图 6-1 "块"功能区面板

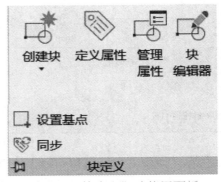

图 6-2 "块定义"功能区面板

图 6-3　"绘图"工具栏

（5）选择"绘图"菜单中的"创建块"命令。

启动"创建块"命令后，系统打开"块定义"对话框，如图 6-4 所示。在"名称"编辑框中输入图块名称，可以通过"基点""对象""方式"等选项区域进行图块定义，各区域的含义如下：

"基点"：确定图块的基准点，也就是插入点。可以直接输入点的 X、Y、Z 坐标，也可以选择"在屏幕上指定"一个点。选择"拾取点"，可以切换到绘图区，用鼠标在图中拾取一个点作为图块的基点。

"对象"：选择定义图块的图形对象。"保留"表示在创建块的同时，图形中保留用于创建块定义的原图形对象。"转换为块"表示定义块后用图块替换原选定对象。"删除"表示定义块后将原图形对象删除。

"方式"：选项中"注释性"指定图块为注释性对象。"使块方向与布局匹配"是指在图纸空间视口中块参照的方向与布局的方向匹配。"按统一比例缩放"是指在缩放图形时是否阻止块参照按统一比例进行缩放。"允许分解"是指在图形中图块是否可以进行分解。

"设置"选项区域主要用来定义图块的单位，默认为"毫米"。

"说明"框中可以输入块定义的相关说明。

将图形对象创建为块的操作步骤如下：

第 1 步，绘制要定义成块的图形。

第 2 步，启动创建块命令，打开图 6-4 所示"块定义"对话框。

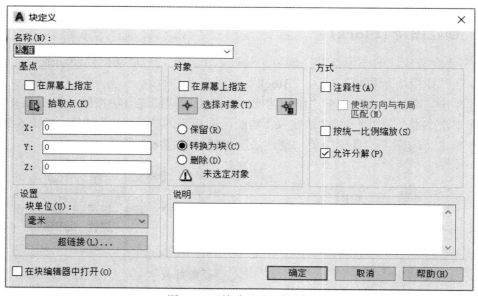

图 6-4　"块定义"对话框

第 3 步，在"块定义"对话框中输入块名。

第 4 步，根据作图需要在"对象"区域选择"保留"或"转换为块"或"删除"。

第 5 步，单击"选择对象"按钮，临时关闭对话框。

第 6 步，在绘图区选择要定义成图块的对象，右键确认，返回"块定义"对话框。

第 7 步，在"基点"区域选择"拾取点"按钮，再次关闭"块定义"对话框。

第 8 步，在绘图区指定图块基准点，也可以在对话框中输入该点的 X、Y、Z 坐标，单击"确定"，完成图块创建。

6.1.2　创建并保存图块 (Wblock)

可以将创建好的图块用"Wblock"命令写入磁盘，也可以直接将图形对象以图块的形式写入磁盘中，在不同的图形文件中重复调用。可以通过以下方式之一启动"写块"命令：

(1) 在"命令提示窗口"输入"Wblock"并回车。

(2) 单击"插入"选项卡中"块定义"功能区面板上的"创建块"按钮下的小三角，在下拉列表中可以切换成"写块"选项，如图 6-2 所示。

启动"写块"命令后，系统打开"写块"对话框，如图 6-5 所示。对话框中各选项区域含义如下：

"源"：确定要写入磁盘的对象。选择"块"，可以在右侧的列表框中选择已经创建的图块，将选中的图块写入磁盘。选择"整个图形"，可以将当前文件的所有对象以

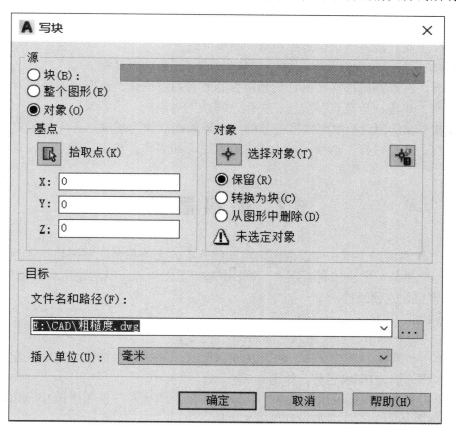

图 6-5　"写块"对话框

图块的形式写入磁盘。如果选择"对象"，需要单击下面的"对象"区域中的"选择对象"按钮(选择"块"或"整个图形"时，该按钮不可用)，系统临时关闭"写块"对话框，在绘图区选取图形对象，单击鼠标右键重新打开"写块"对话框继续进行其他操作。"对象"中其他选项的含义与"Block"命令相同。

"基点"：如果在"源"选项区域中选择"块"，基点默认为所选图块的基点；选择"整个图形"，图块基点默认为坐标原点；选择"对象"，单击"拾取点"按钮，临时关闭"写块"对话框，在绘图区指定图块基点，也可以在对话框中直接输入 X、Y、Z 坐标。

"目标"：用来确定写入磁盘的名称和文件路径。用户可以单击名称列表右侧的图框，在弹出的"浏览图形文件"对话框中选择存盘路径，输入名称后单击"保存"即可。

将图 6-6 所示的粗糙度符号以图块形式写入磁盘，其操作步骤如下：

第 1 步，绘制图 6-6 所示粗糙度符号并输入文字。

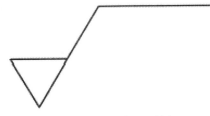

图 6-6   "写块"图例

第 2 步，启动"写块"命令，打开"写块"对话框，如图 6-5 所示。

第 3 步，在"源"选项区域中选择"对象"。

第 4 步，单击"选择对象"按钮，临时关闭"写块"对话框。

第 5 步，在绘图区选择绘制好的粗糙度符号，右键确认，返回"写块"对话框。

第 6 步，单击"拾取点"按钮，关闭"写块"对话框。

第 7 步，在绘图区拾取粗糙度符号的三角形最低点作为基点，返回"写块"对话框。

第 8 步，在"目标"选项区域中输入存盘路径和名称，单击"确定"，完成写块。

6.2 插入图块

图块创建完成后，用户可以根据需要按照一定的比例和角度将图块插入到绘图区的指定位置。如果某一图块被重新定义，图形中基于该图块的所有对象也会自动更新图形，使图形编辑更加方便快捷。

可以通过以下方式之一启动"插入块"命令：

(1) 在"命令提示窗口"输入"insert"并回车。

(2) 单击"默认"选项卡中"块"功能区面板上"插入"按钮下的小三角，在下拉列表中选择要插入的图块名称，如图 6-7 所示。

(3) 单击"插入"选项卡中"块"功能区面板上"插入"按钮下的小三角，在下拉列表中选择要插入的图块名称，如图 6-8 所示。

(4) 单击"绘图"工具栏中的"插入块"命令，如图 6-9 所示。

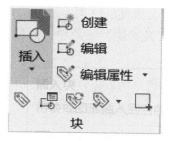
图 6-7　"默认"选项卡中的"块"功能区面板

图 6-8　"插入"选项卡中的"块"功能区面板

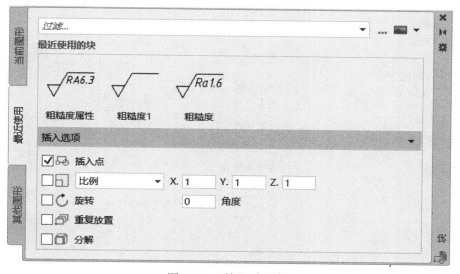

图 6-9　"绘图"工具栏

　　启动"插入块"命令，打开"块"选项板，如图 6-10 所示。在选项板中可以指定要插入的图块，也可以对所选图块的插入点、插入比例、旋转角度等插入选项进行设置。其中"重复放置"表示可以连续插入所选图块。"分解"表示在插入块的同时，图块中的对象不再是一个整体，可以对图块中的每个图形对象单独进行编辑。

图 6-10　"块"选项板

6.3　设置图块属性

　　图块除了包含图形对象外，还可以具有非图形信息，例如可以在图块中添加图形对象的材料、重量、价格等属性信息。属性是图块的一个组成部分，它与图形对象组成图块的完整信息，使用时同时被调用并一起插入图形中。

6.3.1　定义图块属性

　　单击"插入"选项卡中"块定义"功能区面板中的"定义属性"选项 (如图 6-11 所示)，

或单击"默认"选项卡中的"块"功能区面板中的"定义属性"选项（如图 6-12 所示），也可以单击"绘图"菜单中的"块"下拉菜单中的"定义属性"子菜单，系统打开"属性定义"对话框，如图 6-13 所示。

图 6-11 "块定义"功能区面板

图 6-12 "块"功能区面板

A 属性定义	✕

模式
- ☐ 不可见(I)
- ☐ 固定(C)
- ☐ 验证(V)
- ☐ 预设(P)
- ☑ 锁定位置(K)
- ☐ 多行(U)

插入点
- ☑ 在屏幕上指定(O)

X： 0
Y： 0
Z： 0

☐ 在上一个属性定义下对齐(A)

属性
标记(T)：
提示(M)：
默认(L)：

文字设置
对正(J)： 左对齐
文字样式(S)： 样式 1
☑ 注释性(N)
文字高度(E)： 2.5
旋转(R)： 0
边界宽度(W)： 0

确定　　取消　　帮助(H)

图 6-13 "属性定义"对话框

对话框中各选项区域的含义如下：

"模式"：用来确定属性模式。"不可见"选项表示图块插入时定义的属性不显示在图形中。"固定"选项表示属性值为常数，在插入图块时不再提示输入属性值。"验证"表示在插入图块时用户需验证所示属性值是否正确，如果不正确可进行修改。"预设"表示把事先设置好的默认值赋予属性，不再提示输入属性值。"锁定位置"表示属性位置固定，需要改变位置时进行解锁。"多行"表示属性值可包含多行文字。

"属性"：用于设置属性值。在"标记"文本框中输入属性标记，可输入除空格键和感叹号以外的任意字符组合。在"提示"文本框中输入提示符，如果"提示"文本框为空，则默认"标记"字符作为"提示"内容。如果"模式"区域选择"固定"选项，无需设置属性提示。可以将使用次数较多的属性值作为"默认"值，也可以不设默认值。

"插入点"：用来确定属性文本的位置。可以"在屏幕上指定"，也可以直接输入插入点的 X、Y、Z 坐标。

"文字设置"：用来设置属性文本的对齐方式、文字样式、文字高度等。

"在上一个属性定义下对齐"表示属性直接放置于上一个属性之下，并默认上一个属性的文字设置。

6.3.2 编辑属性的定义

在创建图块之前，可以对定义好的属性进行修改。单击"修改"菜单中的"对象"下拉中的"文字"子菜单中的"编辑"，命令提示窗口显示"选择注释对象或[放弃(U)]:"，选择要修改的属性，打开"编辑属性定义"对话框，如图 6-14 所示。用户可以在对应的文本框中进行修改。

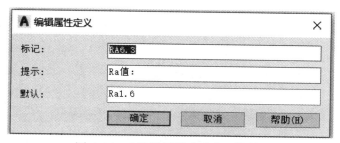

图 6-14 "编辑属性定义"对话框

6.3.3 编辑图块属性

已经定义到图块中的属性也可以进行编辑。单击"默认"选项卡中的"块"功能区面板中的"编辑属性"选项，打开"增强属性编辑器"对话框。用户可以通过对话框中的"属性""文字选项""特性"三个标签进行编辑，如图 6-15、图 6-16、图 6-17 所示。

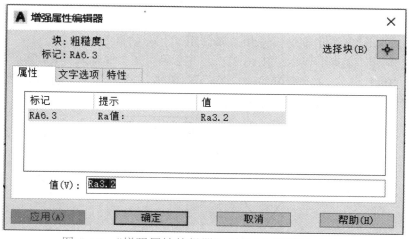

图 6-15 "增强属性编辑器"对话框"属性"标签

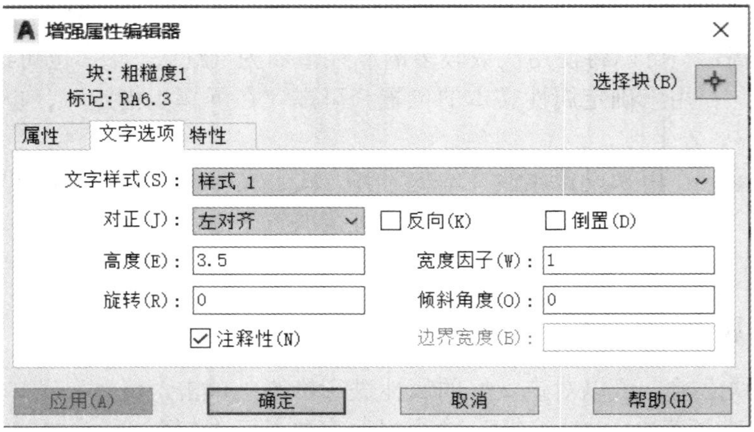

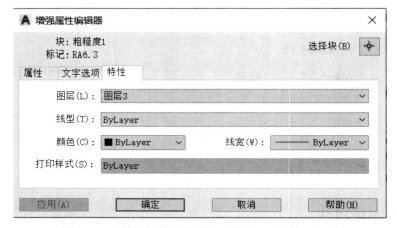

图 6-16 "增强属性编辑器" 对话框 "文字选项" 标签

图 6-17 "增强属性编辑器" 对话框 "特性" 标签

在图 6-6 所示的 "写块" 图例中添加属性,以便每次插入图块时可以输入不同的粗糙度数值。如图 6-18 所示,将 RA6.3 设置为图块属性。

写块操作步骤如下:

(1) 绘制粗糙度符号。

(2) 启动定义图块属性命令,打开 "属性定义" 对话框。

(3) 在 "标记" 文本框输入 "RA6.3", "提示" 文本框输入 "Ra 值:", "默认" 文本框输入 "Ra3.2",文字高度输入 "2.5",单击 "确定",如图 6-19 所示。

(4) 将属性 "RA6.3" 放置在如图 6-18 所示的位置。

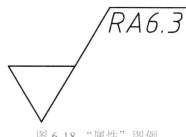

图 6-18 "属性" 图例

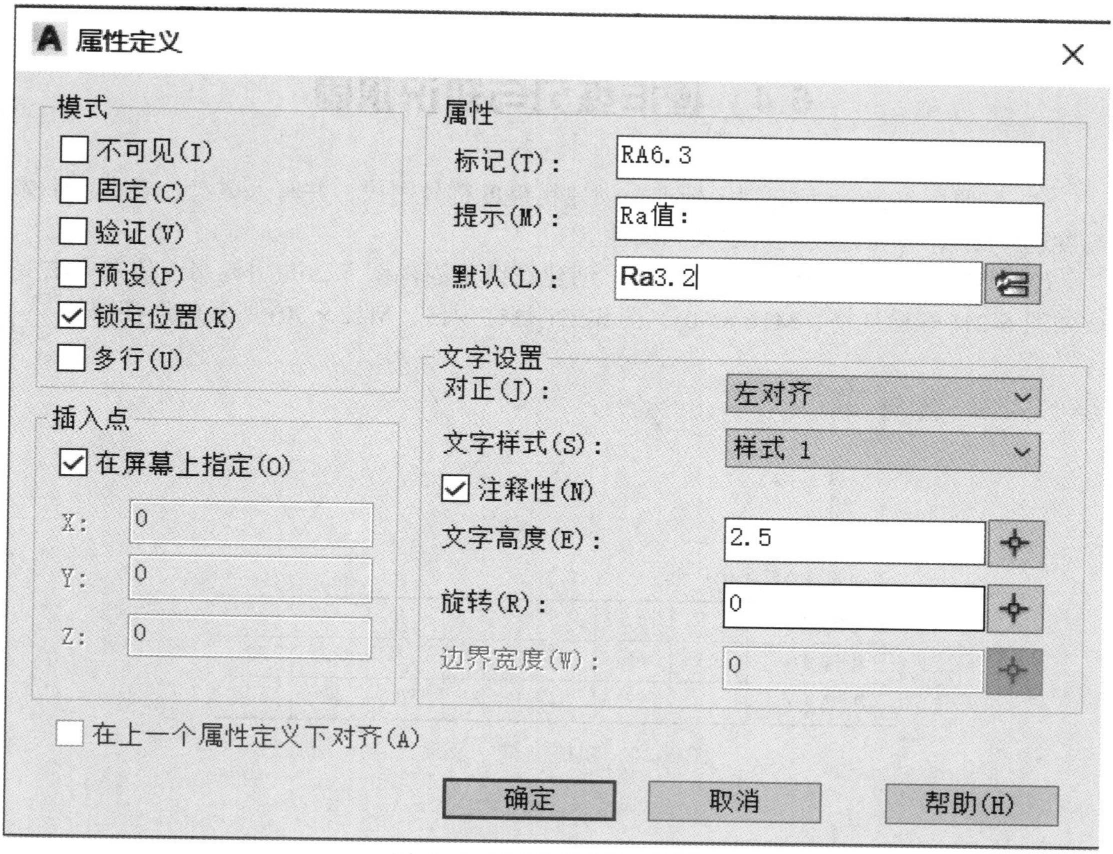

图 6-19 "属性定义"对话框

(5) 启动"写块"命令。

(6) 在"源"选项区域中选择"对象"。

(7) 单击"选择对象"按钮，临时关闭"写块"对话框。

(8) 在绘图区选择绘制好的粗糙度符号和属性，右键确认，返回"写块"对话框。

(9) 单击"拾取点"按钮，关闭"写块"对话框。

(10) 在绘图区拾取粗糙度符号的三角形最低点作为基点，返回"写块"对话框。

(11) 在"目标"选项中输入存盘路径和名称(粗糙度属性)，单击"确定"，完成写块。

插入带有属性的图块时，系统属性值可以根据需要进行修改。利用"粗糙度属性"图块在图中插入粗糙度值 Ra1.6 的步骤如下：

(1) 启动插入块命令。

(2) 在图块列表中选择"粗糙度属性"图块。

(3) 在绘图区选择插入点，系统打开"编辑属性"对话框。

(4) 在对话框中修改属性值为"Ra1.6"，单击"确定"即可。

在"编辑属性"对话框中，显示所选图块的前 15 个属性值，用户可以对这些属性值进行修改。如果图块属性多于 15 个，可以单击"上一个"或"下一个"按钮进行修改。

6.4 操作练习与知识巩固

(1) 按照图 6-20 所示的制图标准，创建粗糙度符号图块，并写入磁盘。要求：字体高度选择 2.5，将粗糙度数值定义为属性。

(2) 按照图螺纹紧固件的比例画法，创建螺纹紧固件图库，并用调用图块的方法完成如图 6-21(螺栓规格：M16×60)、图 6-22(螺柱规格：M12×30) 所示的连接图。

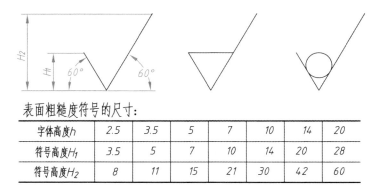

表面粗糙度符号的尺寸：

字体高度 h	2.5	3.5	5	7	10	14	20
符号高度 H_1	3.5	5	7	10	14	20	28
符号高度 H_2	8	11	15	21	30	42	60

图 6-20   粗糙度符号及尺寸

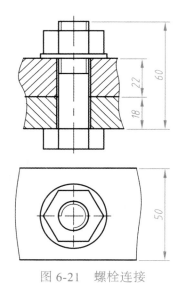

图 6-21   螺栓连接

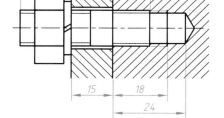

图 6-22   螺柱连接

第7章 图形输出与打印

图形绘制完成后，可以作为原始模型导入其他软件进行处理，通常需要将图形作为产品设计的技术文件进行打印输出。本章介绍 AutoCAD 软件的图形输出与打印的相关知识和操作方法。

7.1 模型空间和图纸空间

AutoCAD 为用户提供了两种截然不同的工作环境，分别称为模型空间和图纸空间。模型空间中的模型表示现实物体的对象，是指模型建立时所处的工作环境。图纸空间中的图纸与真实的图纸相对应，是用来设置和管理视图的工作环境。

系统默认情况下，绘图工作开始于模型空间的无限三维绘图区域，以 1 : 1 比例绘制主体的模型。如果需要进行图形打印，一般需要切换到图纸空间进行打印设置。在图纸空间可以设置带有标题栏和注释的不同布局；在每个布局上，可以创建显示三维模型空间的不同方向视图的布局视口，来满足模型的表达需求。在布局视口中，可以相对于图纸空间缩放模型空间中的视图。系统默认的新建图形包含一个"模型"空间和两个命名为"布局 1""布局 2"的图纸空间，"模型"和"布局"选项卡分别显示在系统工作界面的左下角。模型空间可以通过单击"模型"选项卡进行访问，图纸空间可以单击"布局"选项卡进行访问。

用户可以根据需要添加或删除布局。左键单击"布局"选项卡后面的"+"号可以添加新布局，也可以从当前的图形文件中复制布局及其设置，或者从现有图形样板文件 (DWT) 或图形文件 (DWG) 输入布局。

在实际工作中，经常需要在模型空间和图纸空间之间进行切换。通常利用"模型"和"布局"选项卡可以在"模型"与一个或多个命名的"布局"之间进行切换。如果在图纸空间中要平移视图或进行图形编辑，在布局视口中双击左键即可访问模型空间，此时布局视口边框变得更粗，并且十字光标仅在当前视口中可见。如果要返回到图纸空间，在视口外双击布局上的空白区域即可，同时在模型空间所做的更改将显示在视口中。

7.2 图纸空间打印图形

在模型空间中创建好图形或模型后，单击"布局"选项卡进入图纸空间。在图纸空间创建打印布局的步骤如下：

第 1 步，在"布局"选项卡上单击右键，在弹出的快捷菜单中选择"页面设置管理器"，打开"页面设置管理器"对话框，选择"修改"，打开"页面设置"对话框，进行打印布局设置，如图 7-1 所示。在"页面设置"对话框中，可以根据需要进行打印机、图纸尺寸、打印区域、打印比例、图形方向等项目的选择和设置。

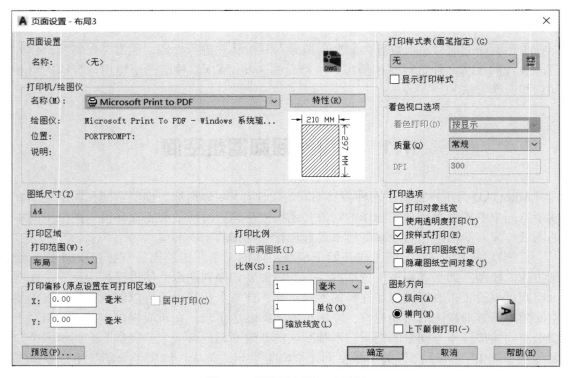

图 7-1   "页面设置"对话框

第 2 步，在当前布局中绘制或插入图框和标题栏图块 (除非绘图时使用的是已具有图框和标题栏的图形样板文件)。

第 3 步，创建要用于布局视口的新图层。

第 4 步，根据模型表达需要，创建不同的布局视口并将其置于布局中。默认情况下，每个布局只有一个视口，单击"视图"菜单中的"视口"中的"新建视口"可以创建新视口，如图 7-2 所示。单击视口边界，可以通过显示的夹点进行视口的移动和大小调整等。

第 5 步，在每个布局视口中设定视图的显示方向、打印比例等信息。

第 6 步，根据需要在布局中添加标注和注释。

第 7 步，关闭包含布局视口的图层。

第 8 步，在当前"布局"选项卡上单击鼠标右键，在弹出的快捷菜单中选择"打印"(如图 7-3 所示)，打开"打印"对话框，单击"确定"输出布局图纸。

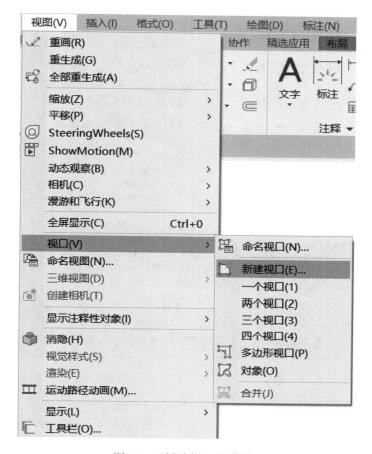

图 7-2 "新建视口"菜单

图 7-3 "布局"快捷菜单

7.3 模型空间打印图形

对于只有一个视图的二维图形，可以在模型空间中创建模型及其注释，直接进行打印，无需使用布局。这种方法比较简单，但是仅适用于二维图形。在模型空间打印图形的步骤如下：

第 1 步，单击"文件"菜单中的"打印"命令，或在"模型"选项卡上单击鼠标右键，在弹出的快捷菜单中选择"打印"选项，打开"打印 - 模型"对话框，如图 7-4 所示。

第 2 步，在对话框中的"打印机 / 绘图仪"区域的"名称"列表中，选择打印机或绘图仪，图 7-4 中选择了"DWG To PDF.pc3"打印机。

第 3 步，在对话框中的"图纸尺寸"区域列表中，选择图纸幅面，图 7-4 中选择了"ISO A4(297.00 × 210.00 毫米)"，即 A4 图纸横向放置。

第 4 步，在对话框中的"打印区域"中的"打印范围"列表中，选择打印范围，其中各选项含义如下：

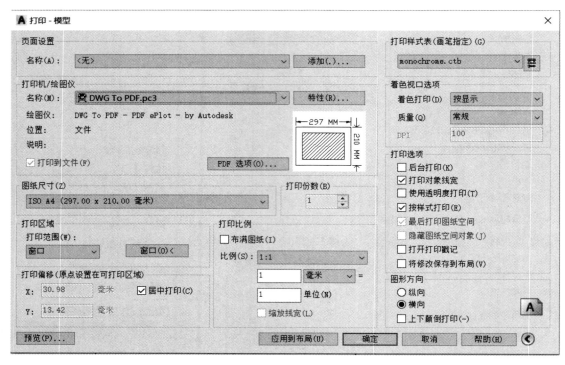

图 7-4　"打印 - 模型"对话框

　　窗口：是指打印用户定义的区域中的对象。单击"窗口"按钮，临时关闭"打印 - 模型"对话框，在绘图区指定打印区域或编辑已定义的区域，然后返回"打印 - 模型"对话框。

　　范围：打印图形文件中的所有对象。

　　图形界限：打印当前的栅格界限。此选项仅在"模型"选项卡中可用。

　　显示：打印绘图区域中显示的所有对象。

　　第 5 步，设置打印比例。通常使用默认的打印比例为 1 : 1。也可以选择"布满图纸"，图形将自动缩放填满图纸幅面。如果输入自定义比例，即使输入的比例与列表中的标准比例相同，"比例"框中也将自动选定"自定义"。自定义比例是打印单位与图形单位之比。例如，1 : 12 和 2 : 24 将以相同比例打印。"缩放线宽"只能在"布局"选项卡中进行设置，在"模型"选项卡上不可用。

　　第 6 步，调整打印偏移。图纸的可打印区域由所选的输出设备定义，打印偏移指定相对于可打印区域的左下角 (原点) 的打印区域偏移。通过在"X"和"Y"框中输入正值或负值，可以偏移图纸上的图形。也可以选择"居中打印"，使打印图形位于图纸中央。

　　第 7 步，选择"打印样式"。在"打印样式表"下，单击位于"打印样式"列表框右侧的"编辑"按钮，打开"打印样式表编辑器"对话框 (如图 7-5 所示)，用户可以对打印样式进行编辑，编辑完成后单击"保存并关闭"。

图 7-5　"打印样式表编辑器"对话框

　　第 8 步，设定打印图形的方向。在"图形方向"区域中选择图形方向，如果要水平打印图形，选择"横向"。如果图形是竖直方向，选择"纵向"。如果要将图形旋转 180° 打印，则需先选择"纵向"或"横向"，然后再选择"上下颠倒打印"。

　　第 9 步，单击"预览"按钮，确认设置无误，单击"确定"，输出图形。

7.4　操作练习与知识巩固

(1) 绘制如图 7-6 所示的"底座"零件图 (A4 幅面)。

(2) 设置打印样式，将"底座"零件图打印成 PDF 文件。

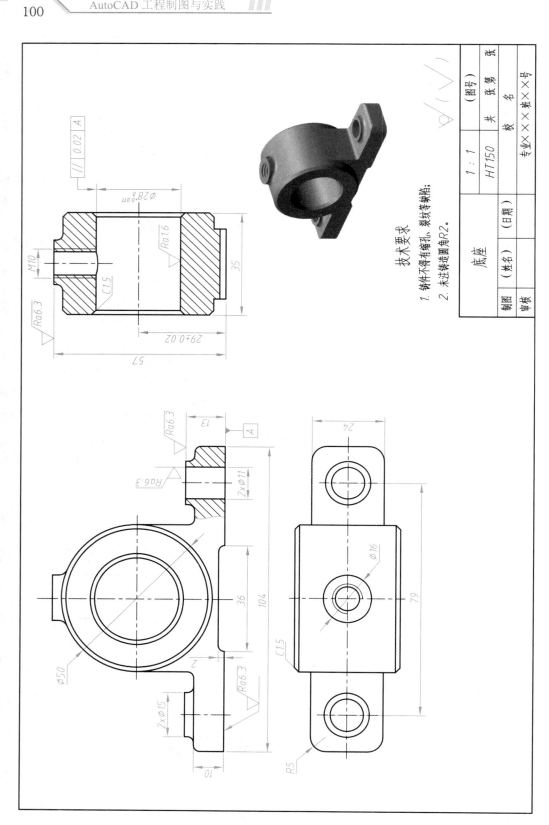

技术要求
1. 铸件不得有缩孔、裂纹等缺陷；
2. 未注铸造圆角R2。

图 7-6 "底座"零件图

2

第二部分　工程制图实战训练

　　掌握零件图、装配图的绘制和读图方法是学习工程制图的主要任务之一，使用计算机绘图替代手工绘图是必然的趋势。针对应用型人才培养"能动手，守规范，有真功"的教学目标，本篇主要以四种常见的典型零件和部件装配图为研究对象，介绍零件的结构形状和用途、部件工作原理和装配图的表达方法，分析和研究其工程图的表达方案，使读者能够熟练使用 AutoCAD 软件绘制并打印出专业的工程图纸，具备运用工程语言进行沟通交流的能力。

学习目标

　　1. 绘制典型零件工程图，巩固零件图相关知识，加强工程图样标准化意识，熟悉零件图的绘图方法和技巧，提升计算机软件绘图技能；

　　2. 绘制部件装配工程图，巩固装配图相关知识，掌握装配图的绘图方法和技巧，熟悉图形文件之间的调用和插入方法；

　　3. 灵活运用各种表达方法确定零件和部件的表达方案，提升工程图表达能力；

　　4. 正确设置图形输出环境，熟悉打印符合国家制图标准的工程图的方法。

达成能力

　　1. 能够正确认识轴套类、轮盘类、叉架类和箱体类等四类典型零件的结构特点，具备应用 AutoCAD 相关命令正确绘制并打印零件工程图的能力；

　　2. 能够熟练查阅相关技术手册，确定标准件尺寸，具备应用 AutoCAD 相关命令正确绘制并打印装配工程图的能力；

　　3. 能够根据零件和装配体的结构特点、工作原理等，选择适当的表达方案，正确、完整、清晰地表达产品，具备工程领域的沟通和交流能力；

价值观念

　　1. 通过实践训练，提升诚实守信、遵守规范的职业素养，树立严谨求实、一丝不苟的设计理念和精益求精的工匠精神；

　　2. 培养团队协作意识和实践创新能力，增强专业自豪感和社会责任感，树立个人发展与国家需求紧密相连的理想信念。

第 8 章　零件工程图绘制

用来表达零件结构形状、尺寸大小和技术要求的图样称为零件图。零件图是加工制造零件的依据，反映了设计者的意图，表达了机器或部件对零件的要求，是生产中最重要的技术文件之一。一张完整的零件图应包括以下基本内容：一组图形、完整的尺寸、技术要求和标题栏等。零件的结构形状虽然千差万别，但根据零件在机器或部件中的作用和形状特征，通过比较、归纳，可将零件分为轴套类、轮盘类、叉架类和箱体类四种。分析和讨论各类零件的结构特点、表达方法和绘图技巧，可作为绘制和阅读同类零件图的参考。

8.1　轴套类零件

8.1.1　轴套类零件概述

轴套类零件包括各种轴、丝杆、套筒、衬套等，一般由同一轴线上直径不同的回转体组成，轴向尺寸一般比径向尺寸大。轴主要用来支承旋转零件，如齿轮、带轮、链轮、联轴器等，使其具有确定的工作位置，并传递运动和动力。套筒一般是装在轴上或机件孔中，用于定位、支撑、导向或保护传动零件。这类零件上一般有轴肩、键槽、螺纹、螺纹退刀槽、越程槽、圆角、倒角、中心孔等工艺结构。

轴套类零件一般主要在车床和磨床上加工，为方便操作人员对照图样进行加工，通常选择轴线水平方向作为主视图方向。如果出现主视图没有表达清楚的部分，则需要选择其他图形进行补充，通常采用局部视图、局部剖视图、断面图、局部放大图等进行表达。轴套类零件存在内部结构，一般可采用剖视图进行表达。

8.1.2　轴套类零件工程图绘制

1. 实践内容

(1) 绘制并打印图 8-1 所示 "传动轴" 零件工程图 (A4 幅面)。

(2) 绘制并打印图 8-2 所示 "轴套" 零件工程图 (A4 幅面)。

(3) 绘制并打印图 8-3 所示 "主动轴" 零件工程图 (A4 幅面)。

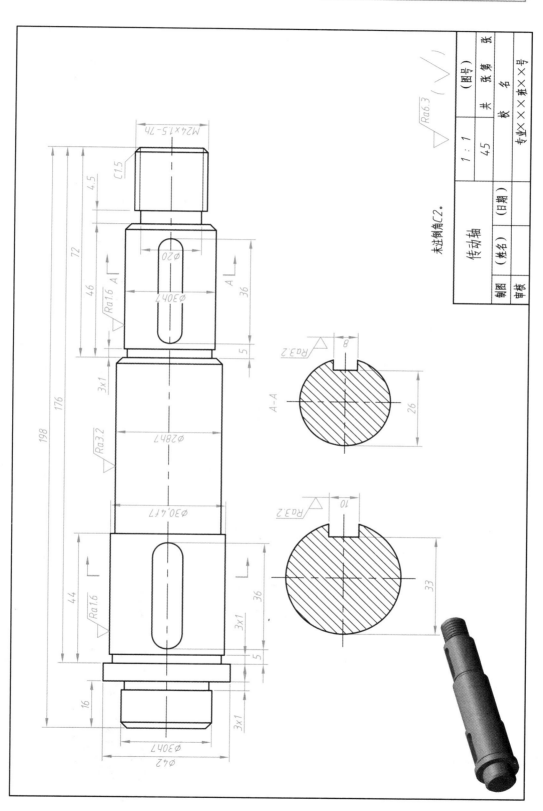

图 8-1　"传动轴" 工程图

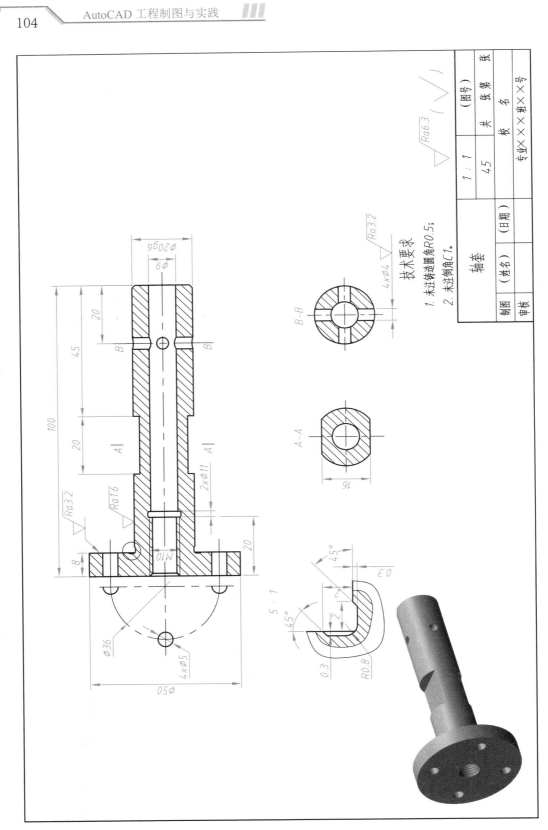

图 8-2 "轴套" 工程图

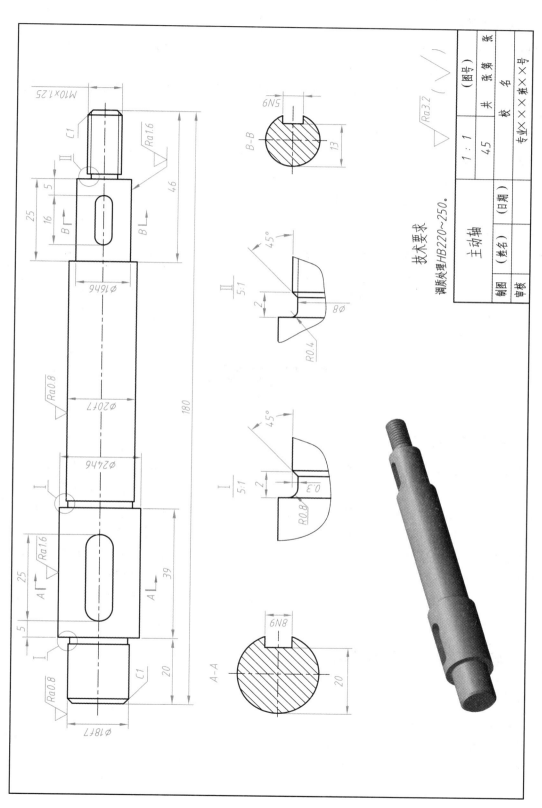

图 8-3 "主动轴"工程图

2. 实践步骤

(1) 打开 AutoCAD，设置图层、线型、线宽等，线型显示符合国家制图标准，设置文字样式和尺寸样式 (可使用样板文件)；

(2) 查阅国家制图标准，绘制图纸幅面线和边框线，绘制并填写标题栏 (可调用图块)；

(3) 读懂零件图，熟悉轴套类零件的结构特点和常用机件表达方法；

(4) 绘制零件图并进行尺寸标注；

(5) 标注零件表面要求和几何公差，注写技术要求；

(6) 存盘并打印，退出 AutoCAD。

3. 实践目标

(1) 具备使用 AutoCAD 软件相关命令正确绘制轴套类零件图的能力；

(2) 通过实践训练掌握轴套类零件的绘图技巧和标注方法；

(3) 提高轴套类零件的读图能力，具有运用工程语言进行沟通交流的能力；

(4) 具备诚实守信的基本素养，严禁抄袭和拷贝实验报告。

8.2　轮盘类零件

8.2.1　轮盘类零件概述

轮盘类零件包括各种齿轮、带轮、手轮、端盖、法兰盘等。轮一般通过键、销与轴连接，来传递扭矩；盘一般起到支承、定位和密封等作用。轮盘类零件的结构形状特点是轴向尺寸小而径向尺寸较大，零件大多由共轴回转体构成，根据装配要求通常设计有键槽、销孔等结构，并在径向分布有孔、轮辐、螺孔、肋、耳板等结构。

轮盘类零件的主要回转面和端面都在车床上加工，可按加工位置和轴向结构形状特征选择主视图，便于看图、加工和检测尺寸。一般主视图主要侧重反映零件的内部形状，可采用全剖或半剖视图，根据零件结构特点，剖切方法可选择单一剖、阶梯剖、旋转剖等。零件的形状表达需要增加一个左视图或右视图进行补充完善。

8.2.2　轮盘类零件工程图绘制

1. 实践内容

(1) 绘制并打印图 8-4 所示 "法兰盘" 零件工程图 (A4 幅面)。

(2) 绘制并打印图 8-5 所示 "端盖" 零件工程图 (A4 幅面)。

(3) 绘制并打印图 8-6 所示 "压盖" 零件工程图 (A4 幅面)。

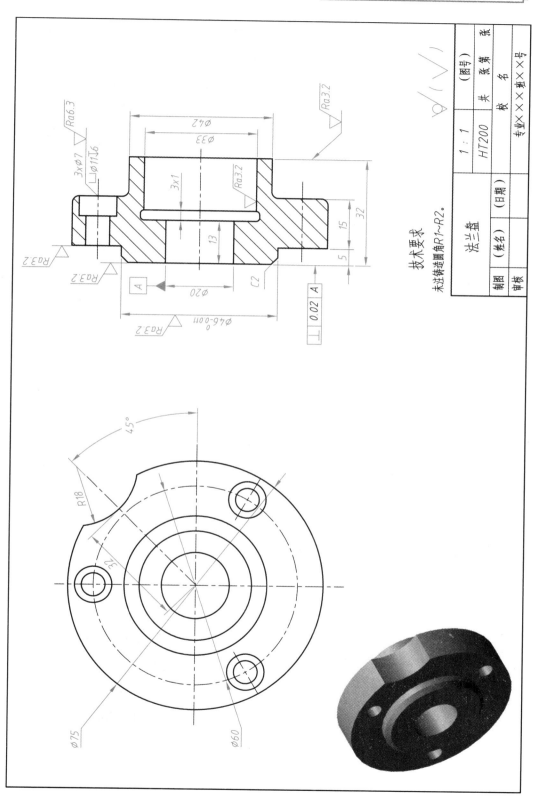

技术要求
未注铸造圆角R1~R2。

			1：1	（图号）
			HT200	共 张 第 张
				校 名
法兰盘				专业×××班××号
制图	（姓名）	（日期）		
审核				

图 8-4 "法兰盘" 工程图

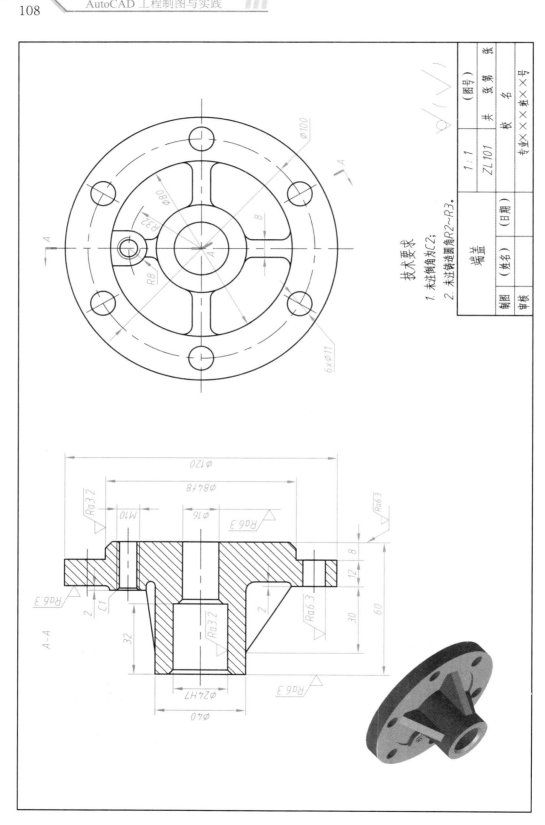

技术要求
1. 未注倒角为C2;
2. 未注铸造圆角R2~R3。

端盖

图 8-5　"端盖"工程图

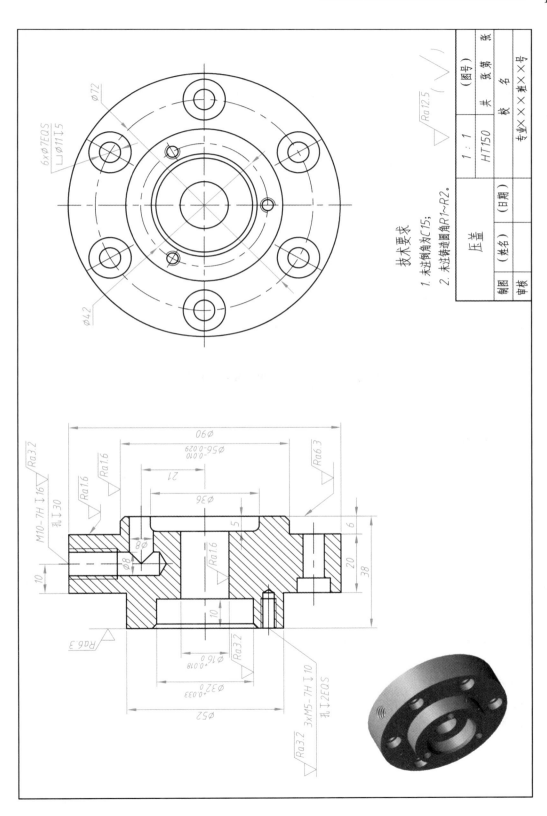

图 8-6　"压盖" 工程图

2. 实践步骤

(1) 打开 AutoCAD，设置图层、线型、线宽等，线型显示符合国家制图标准，设置文字样式和尺寸样式 (可使用样板文件)；

(2) 查阅国家制图标准，绘制图纸幅面线和边框线，绘制并填写标题栏 (可调用图块)；

(3) 读懂零件图，熟悉轮盘类零件的结构特点和常用机件表达方法；

(4) 绘制零件图并进行尺寸标注；

(5) 标注零件表面要求和几何公差，注写技术要求；

(6) 存盘并打印，退出 AutoCAD。

3. 实践目标

(1) 具备使用 AutoCAD 软件修改命令正确绘制轮盘类零件图的能力；

(2) 通过实践训练掌握轮盘类零件的绘图技巧和标注方法；

(3) 提高轮盘类零件的读图能力，具备运用工程语言进行沟通交流的能力；

(4) 具备严格遵守规范的意识，图纸做到权威性和通用性。

8.3 叉 架 类 零 件

8.3.1 叉架类零件概述

叉架类零件包括各种连杆、摇臂、支架等，通常起传动、连接、支承等作用。叉架类零件结构形状不规则，外形比较复杂，常有弯曲或倾斜结构，并带有肋、板、轴孔、凸台等结构。这类零件一般由工作部分、连接部分和固定部分组成。

叉架类零件结构复杂，加工位置较难区别主次，因此一般按照零件的工作位置选择主视图。当工作位置倾斜或不固定时，可将主视图摆正。主视图和其他基本视图多用局部剖视图兼顾内外形状来表达零件结构。零件上的倾斜结构通常采用斜视图、斜剖视图、旋转剖视图等方法来表达，而连接部分通常采用断面图来表示。

8.3.2 叉架类零件工程图绘制

1. 实践内容

(1) 绘制并打印图 8-7 所示 "支座" 零件工程图 (A4 幅面)。

(2) 绘制并打印图 8-8 所示 "支架" 零件工程图 (A4 幅面)。

(3) 绘制并打印图 8-9 所示 "连杆" 零件工程图 (A4 幅面)。

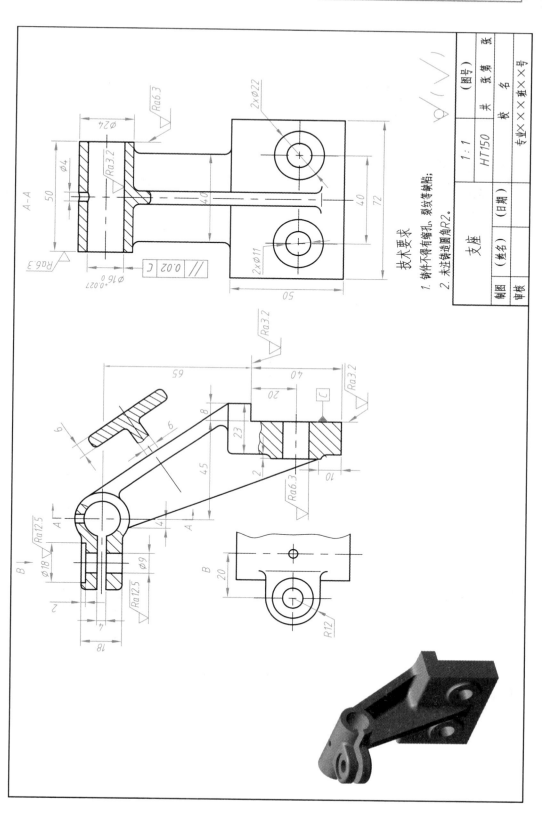

图 8-7　"支座" 工程图

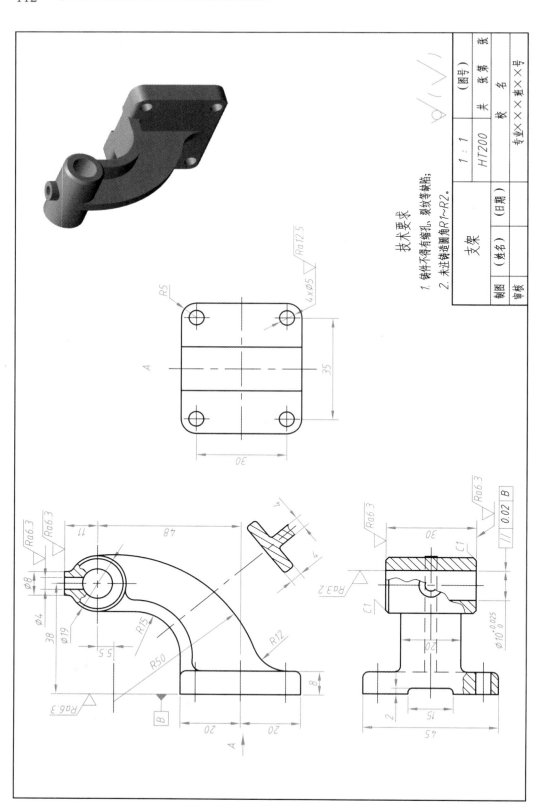

技术要求
1. 铸件不得有缩孔、裂纹等缺陷；
2. 未注铸造圆角R1~R2。

图 8-8　"支架" 工程图

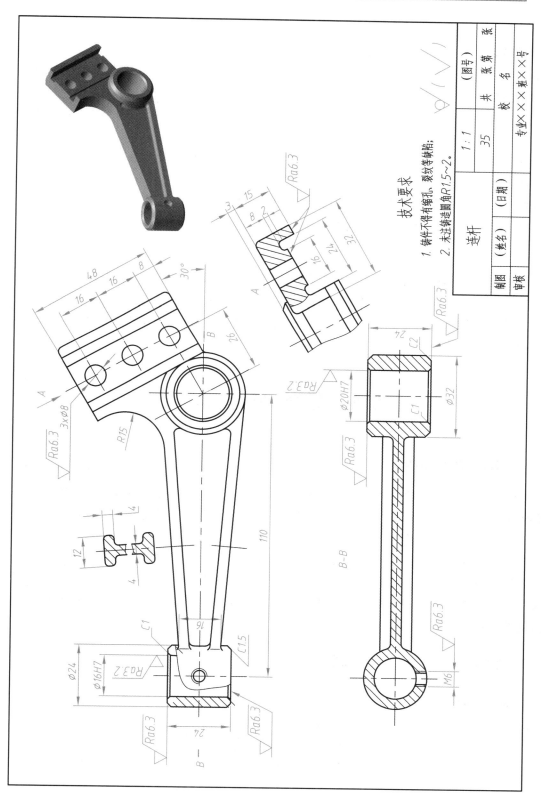

图 8-9 "连杆" 工程图

技术要求

1. 铸件不得有缩孔、裂纹等缺陷；
2. 未注铸造圆角R1.5~2。

2. 实践步骤

(1) 打开 AutoCAD，设置图层、线型、线宽等，线型显示符合国家制图标准，设置文字样式和尺寸样式 (可使用样板文件)；

(2) 查阅国家制图标准，绘制图纸幅面线和边框线，绘制并填写标题栏 (可调用图块)；

(3) 读懂零件图，熟悉叉架类零件的结构特点和常用机件表达方法；

(4) 绘制零件图并进行尺寸标注；

(5) 标注零件表面要求和几何公差，注写技术要求；

(6) 存盘并打印，退出 AutoCAD。

3. 实践目标

(1) 具备使用 AutoCAD 软件的相关命令正确绘制叉架类零件图的能力；

(2) 通过实践训练掌握叉架类零件的绘图技巧和标注方法；

(3) 提高叉架类零件的读图能力，具备运用工程语言进行沟通交流的能力；

(4) 具备工匠精神，作图一丝不苟、严谨细致。

8.4　箱 体 类 零 件

8.4.1　箱体类零件概述

箱体类零件一般是机器的主体，具有容纳、支承、定位、密封和保护等作用。其结构形状比较复杂，一般为中空的壳体，并有孔、凸台、肋板、底板、连接和定位盘盖类零件的螺孔、销孔等结构。

箱体类零件加工工序较多，装夹位置比较多变，因此一般按工作位置和形状特征来选择主视图。主视图常采用全剖、半剖、局部剖等方法表达主要结构。箱体类零件外形和内腔都很复杂，需要根据零件结构特点补充其他视图进行表达，对于基本视图没有表达清楚的结构可采用局部视图等方法来表达。

8.4.2　箱体类零件工程图绘制

1. 实践内容

(1) 绘制并打印图 8-10 所示"泵体"零件工程图 (A4 幅面)。

(2) 绘制并打印图 8-11 所示"机座"零件工程图 (A3 幅面)。

(3) 绘制并打印图 8-12 所示"箱体"零件工程图 (A3 幅面)。

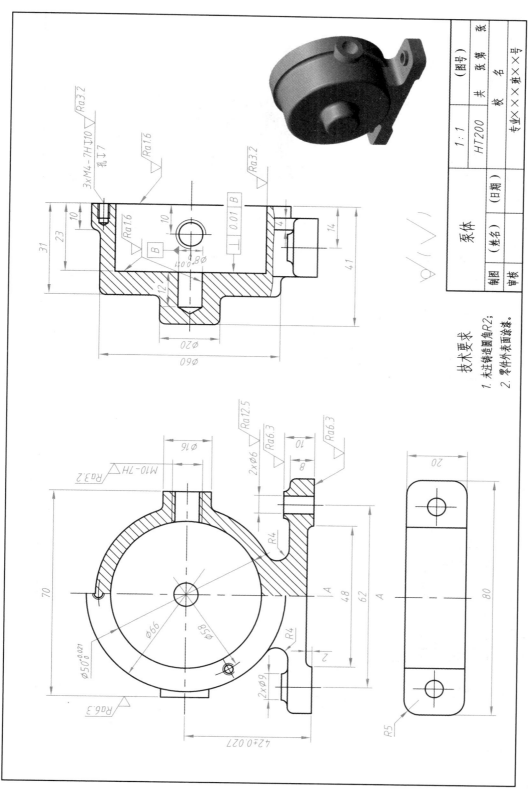

图 8-10 "泵体" 工程图

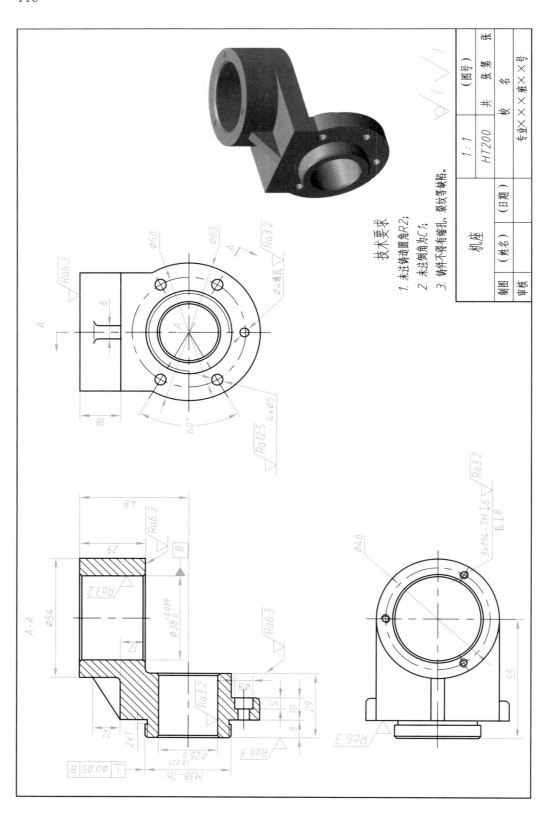

图 8-11 "机座" 工程图

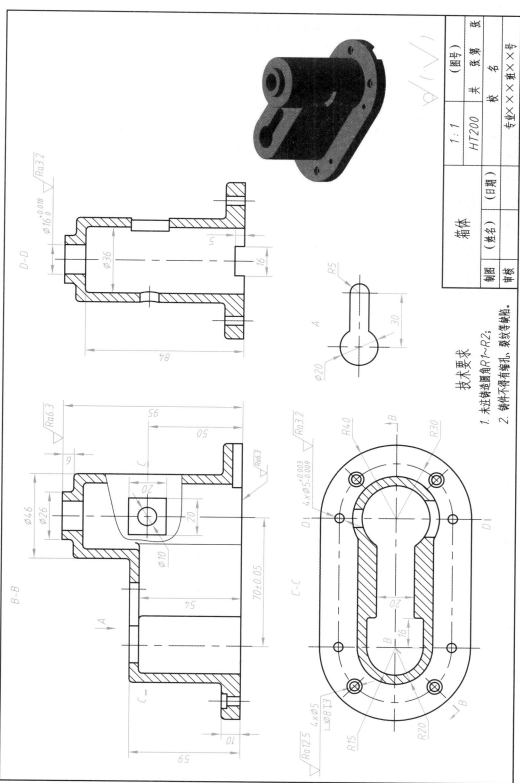

图 8-12　"箱体" 工程图

2. 实践步骤

(1) 打开 AutoCAD, 设置图层、线型、线宽等, 线型显示符合国家制图标准, 设置文字样式和尺寸样式 (可使用样板文件);

(2) 查阅国家制图标准, 绘制图纸幅面线和边框线, 绘制并填写标题栏 (可调用图块);

(3) 读懂零件图, 熟悉箱体类零件的结构特点和常用机件表达方法;

(4) 绘制零件图并进行尺寸标注;

(5) 标注零件表面要求和几何公差, 注写技术要求;

(6) 存盘并打印, 退出 AutoCAD。

3. 实践目标

(1) 具备使用 AutoCAD 软件的相关命令正确绘制箱体类零件图的能力;

(2) 通过实践训练掌握箱体类零件的绘图技巧和标注方法;

(3) 提高箱体类零件的读图能力, 具备运用工程语言进行沟通交流的能力;

(4) 具备刻苦钻研精神, 用实际行动诠释"干一行、爱一行、钻一行"。

第 9 章 装配图绘制

　　装配图是用来表达机器或部件的图样，分为部件装配图和总装配图。装配图是机器或部件在设计和生产过程中重要的技术文件和技术依据。它可以用来表达部件或机器的工作原理、零件的主要结构和形状以及零件之间的装配关系，还可以为装配、检验、安装和调试提供所需的技术要求和重要的操作依据。一张完整的装配图应包括以下四项内容：一组图形、必要的尺寸、技术要求、零件序号和明细表。

　　机器或部件的装配结构比较复杂，装配图的表达重点是装配体的工作原理、装配关系、装配体的内外部结构和零件的主要形状结构，没有必要将每个零件的形状结构都完全表达清楚，因此，除了遵守投影规则和机件的各种表达方法之外，绘制装配图还有其特有的规定画法和特殊表示法，详细内容可以参照工程制图课程相关知识进行操作，这里不再赘述。

9.1　绘制低速滑轮装配图

9.1.1　低速滑轮的工作原理

　　图 9-1 所示为低速滑轮的装配结构图。

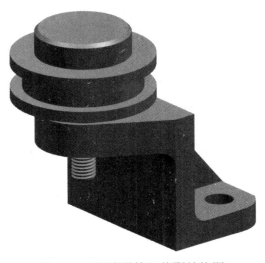

图 9-1　"低速滑轮"装配结构图

低速滑轮是一种引导带运动的装置，由托架、心轴、衬套、滑轮、垫圈 (GB/T97.1—2002)、螺母 (GB/T 6170—2015，M10) 等零件装配而成。衬套装在滑轮和心轴之间，心轴通过垫圈和螺母与托架连接在一起。衬套与心轴采用间隙配合 (H8/f7)，而衬套与滑轮为过渡配合 (H7/js6)，在滑轮部件工作时，衬套与滑轮保持相对静止，一起在心轴上进行旋转运动。整个装置通过托架上的两个安装孔用螺栓与机座连接。

9.1.2　低速滑轮工程图绘制

1. 实践内容

(1) 绘制图 9-3 ～图 9-6 所示零件图 (A4 幅面)；

(2) 完成图 9-2 所示的 "低速滑轮" 装配工程图 (A3 幅面)；

(3) 打印一套 "低速滑轮" 工程图纸。

2. 实践步骤

(1) 打开 AutoCAD，设置图层、线型、线宽等，线型显示符合国家制图标准，设置文字样式和尺寸样式 (可使用样板文件)；

(2) 查阅国家制图标准，绘制 A4 图纸 (竖放) 幅面线和边框线 (竖放一张、横放三张)，绘制并填写标题栏 (可调用图块)；

(3) 绘制图 9-3(A4 竖放)、图 9-4(A4 横放)、图 9-5(A4 横放)、图 9-6(A4 横放) 零件图并完成工程标注；

(4) 读懂图 9-2 所示的 "低速滑轮" 装配工程图，熟悉 "低速滑轮" 的工作原理和各零件之间的装配关系；

(5) 绘制 A3 图纸 (竖放) 幅面线和边框线，绘制并填写标题栏 (可调用图块)；

(6) 关闭尺寸标注图层，将零件图复制到图框内 (可生成图块)，按照图 9-2 进行零件装配和图形修改；

(7) 查阅标准件技术手册，确定标准件 (螺母和垫圈) 尺寸并按照规定画法进行绘图，也可以按照螺纹紧固件的比例画法进行绘制，或直接调用标准件图库；

(8) 标注装配图尺寸；

(9) 标注零件序号，绘制并填写明细表；

(10) 打印装配图和零件图，退出 AutoCAD。

3. 实践目标

(1) 具备使用 AutoCAD 软件绘制装配图的能力；

(2) 具备查阅相关技术手册，确定标准件尺寸的能力；

(3) 通过实践训练掌握装配图的绘图技巧和标注方法；

(4) 提高装配图的读图能力，具备运用工程语言进行沟通交流的能力；

(5) 具备团队协作精神，在零件的配合关系中体会分工合作的团队力量。

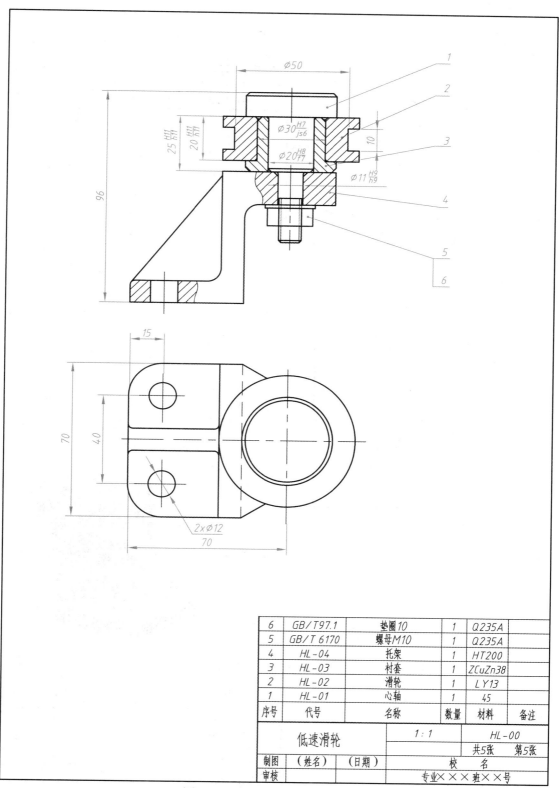

6	GB/T97.1	垫圈10	1	Q235A	
5	GB/T 6170	螺母M10	1	Q235A	
4	HL-04	托架	1	HT200	
3	HL-03	衬套	1	ZCuZn38	
2	HL-02	滑轮	1	LY13	
1	HL-01	心轴	1	45	
序号	代号	名称	数量	材料	备注

低速滑轮	1:1		HL-00	
			共5张　第5张	
制图	（姓名）	（日期）	校　名	
审核			专业×××班××号	

图 9-2　"低速滑轮"装配工程图

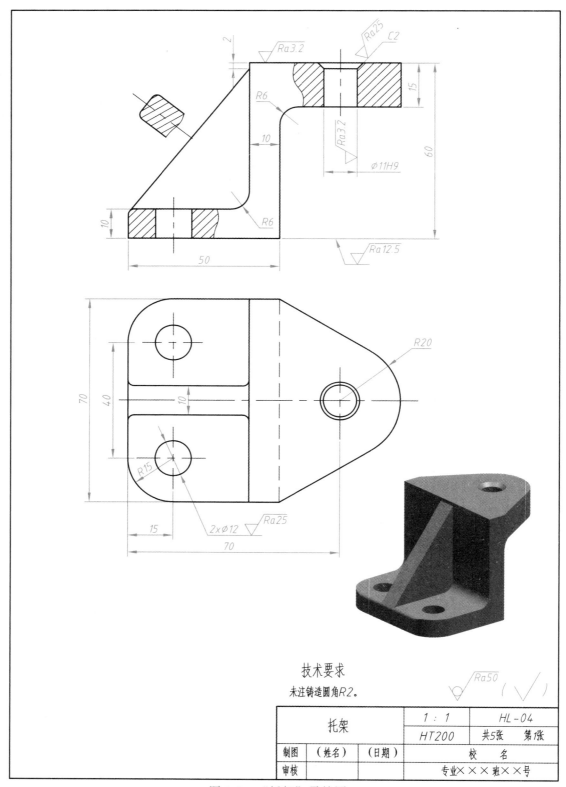

图 9-3   "托架"零件图

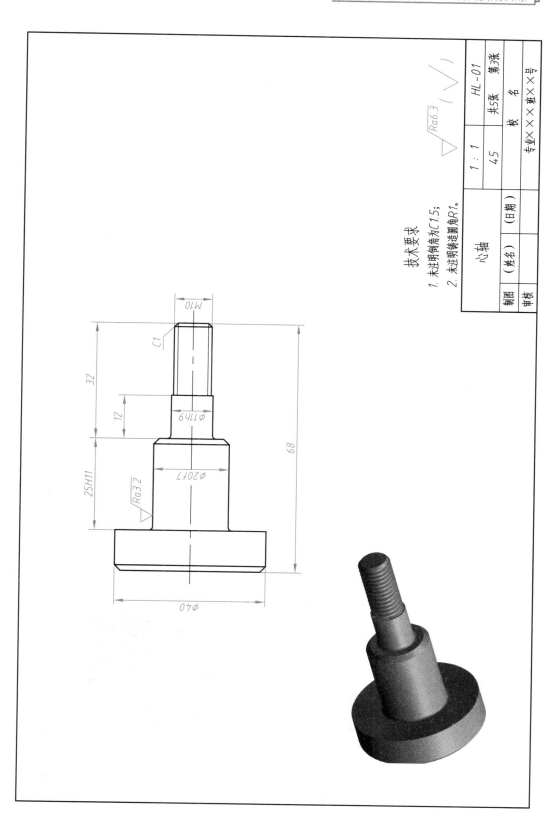

图 9-4　"心轴"零件图

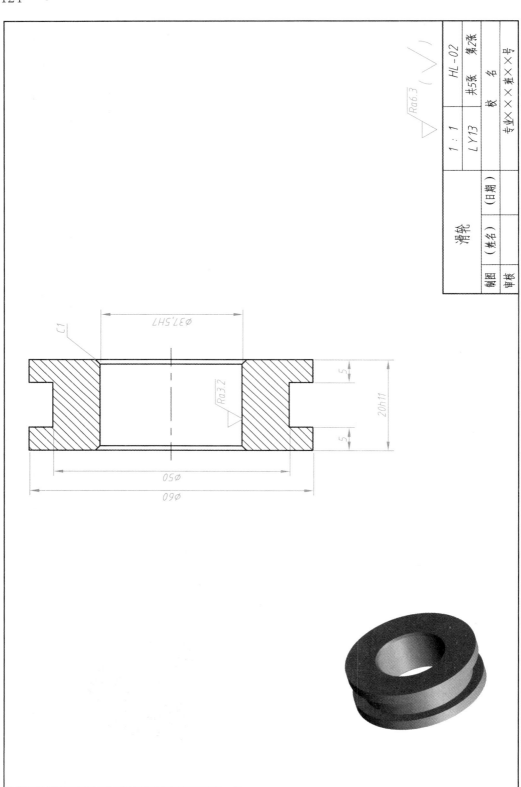

图 9-5 "滑轮" 零件图

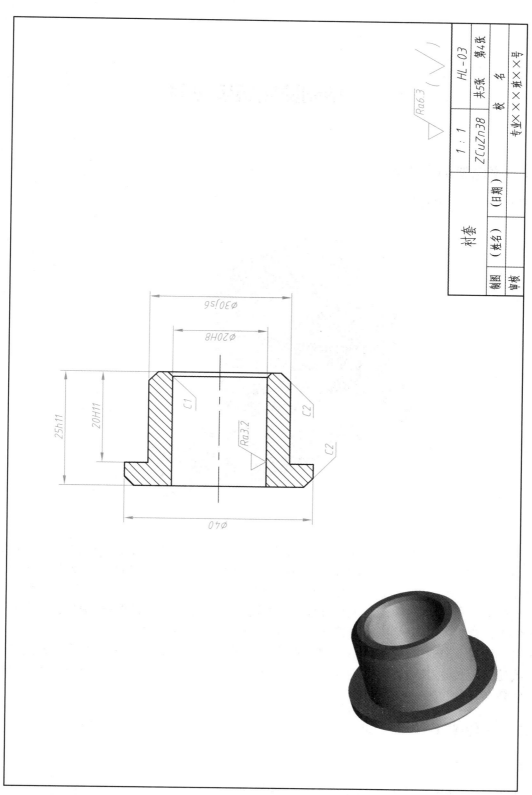

图 9-6　"衬套" 零件图

9.2   绘制滚轮架装配图

9.2.1   滚轮架的工作原理

图 9-7 所示为滚轮架的装配结构图。

图 9-7   "滚轮架"装配结构图

滚轮架是用来支承传送带的部件，由底座、支架、轴、衬套、滚轮、紧定螺钉 (GB/T71—1985，M3×8)、螺钉 ((GB/T 65—2016，M5×8) 等零件装配而成。支架与底座用螺钉连接，轴通过两个支架进行支撑，并用紧定螺钉进行定位。滚轮和轴之间装有衬套，衬套与轴采用间隙配合 (H8/h7)，而滚轮与衬套之间为过渡配合 (H7/k6)，在部件工作时，衬套与滚轮保持相对静止，一起在轴上进行旋转运动，在轴内部设计有注油孔用于滚轮工作时的润滑。滚轮架通过底座上的两个安装孔固定于机体上，传送带置于滚轮上，传送带移动时驱动滚轮转动，利用滚轮与圆筒类工件之间的摩擦力带动工件旋转实现变位。

9.2.2   滚轮架工程图绘制

1. 实践内容

(1) 绘制图 9-9 ～图 9-13 所示零件图 (A4 幅面)；

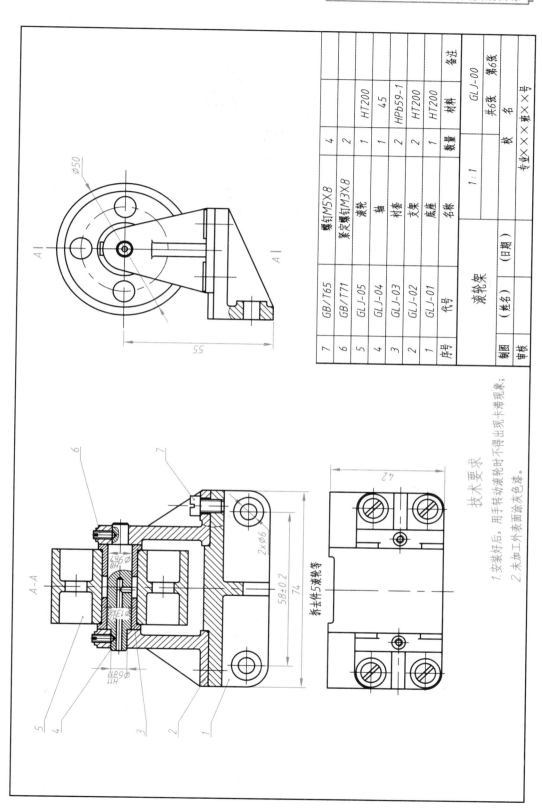

技术要求

1. 安装好后，用手转动滚轮时不得出现卡滞现象；
2. 未加工外表面涂灰色漆。

图 9-8 "滚轮架" 装配工程图

7	GB/T65	螺钉M5X8	4		备注
6	GB/T71	紧定螺钉M3X8	2		
5	GLJ-05	滚轮	1	HT200	
4	GLJ-04	轴	1	45	
3	GLJ-03	衬套	2	HPb59-1	
2	GLJ-02	支架	2	HT200	
1	GLJ-01	底座	1	HT200	
序号	代号	名称	数量	材料	

滚轮架		1:1	GLJ-00 第6张
			共6张 第6张
制图	(姓名)	(日期)	专业×××班××号
审核			

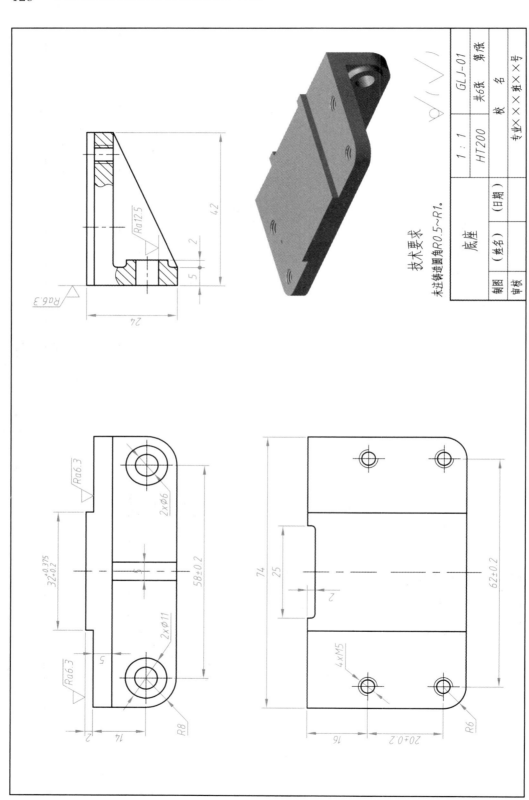

技术要求
未注铸造圆角R0.5~R1。

底座			1 : 1	GLJ-01
			HT200	第1张
				共6张
		(姓名)	(日期)	校　名
制图				专业×××班××号
审核				

图 9-9　"底座" 零件图

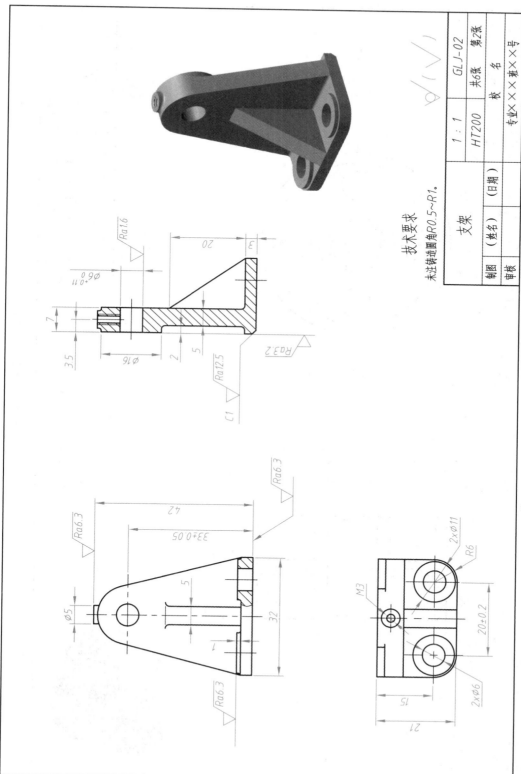

图 9-10　"支架" 零件图

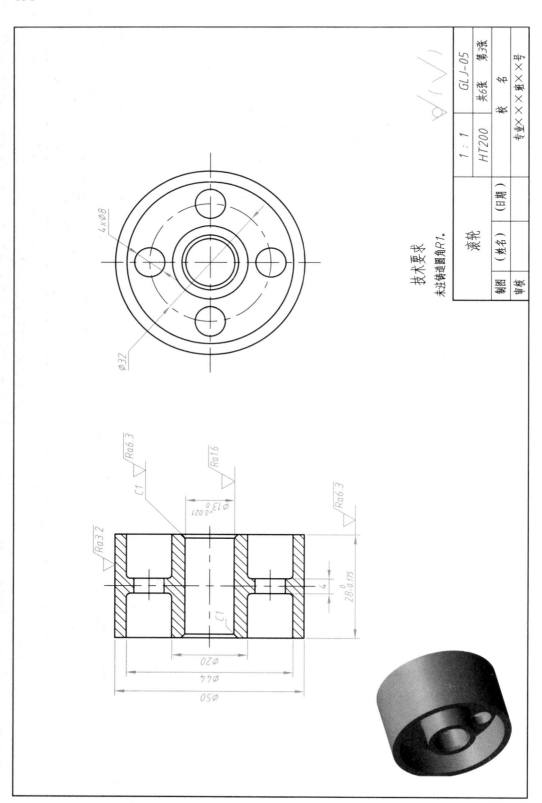

图 9-11 "滚轮"零件图

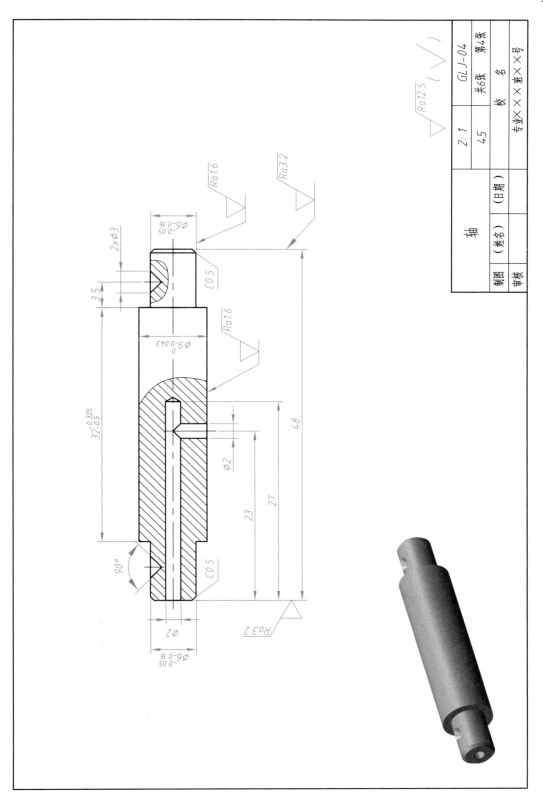

图 9-12　"轴" 零件图

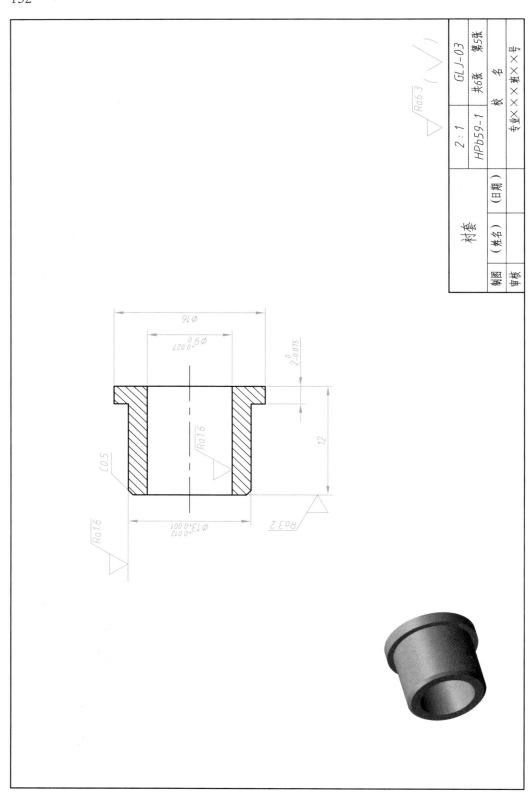

图 9-13　"衬套" 零件图

(2) 完成图 9-8 所示的"滚轮架"装配工程图 (A4 幅面)；

(3) 打印一套"滚轮架"工程图纸。

2. 实践步骤

(1) 打开 AutoCAD，设置图层、线型、线宽等，线型显示符合国家制图标准，设置文字样式和尺寸样式 (可使用样板文件)；

(2) 查阅国家制图标准，绘制 A4 图纸 (横放六张)，绘制并填写标题栏 (可调用图块)；

(3) 绘制图 9-9、图 9-10、图 9-11、图 9-12、图 9-13 所示的零件图并完成工程标注；

(4) 读懂图 9-8 所示的"滚轮架"装配工程图，熟悉"滚轮架"的工作原理和各零件之间的装配关系；

(5) 关闭尺寸标注图层，将零件图复制到装配图图框内 (可生成图块)，按照图 9-8 进行零件装配和图形修改；

(6) 查阅标准件技术手册，确定标准件 (螺钉和紧定螺钉) 尺寸并按照规定画法进行绘图，也可以按照螺纹紧固件的比例画法进行绘制，或直接调用标准件图库；

(7) 标注装配图中尺寸；

(8) 标注零件序号，绘制并填写明细表；

(9) 打印装配图和零件图，退出 AutoCAD。

3. 实践目标

(1) 具备使用 AutoCAD 软件绘制装配图的能力；

(2) 具备查阅相关技术手册，确定标准件尺寸的能力；

(3) 通过实践训练掌握装配图的绘图技巧和标注方法；

(4) 提高装配图的读图能力，具备运用工程语言进行沟通交流的能力；

(5) 体会零件与部件的装配关系，树立个人发展与国家需求紧密相连的爱国情怀。

9.3　绘制齿轮油泵装配图

9.3.1　齿轮油泵的工作原理

图 9-14 所示为齿轮油泵的装配结构图。

齿轮油泵是机器中用来输送润滑油的一个部件，主要用于发动机的润滑系统，它将发动机底部油箱中的润滑油输送到发动机上有关运动部件需要润滑的部位,如发动机的主轴、连杆、摇臂、凸轮颈等。图 9-14 所示的齿轮油泵由泵体、左右端盖、主动和从动齿轮轴、轴套、传动齿轮、垫片、压紧螺母等 9 个一般零件和螺钉、螺母、垫圈、键、销等 5 类标准件装配而成。右端盖与主动齿轮轴之间装有填料，通过压紧螺母进行压紧密封。

齿轮油泵通过一对相互啮合齿轮的高速旋转运动输送润滑油。工作时，由电机驱动装置提供动力给传动齿轮，传动齿轮通过键连接带动主动齿轮轴转动，主动齿轮轴与从动齿轮轴相互啮合传递动力。当齿轮在泵体内作高速啮合传动时，啮合区一侧空间的压力降低而产生局部真空，油池内的油在大气压的作用下进入油泵低压区内的吸油口，随着齿轮的转动，齿槽中的油不断地沿着齿轮转动方向被带到另一侧的出油口，并通过管道输送到机器中需要润滑的地方。

图 9-14　"齿轮油泵"装配结构图

9.3.2　齿轮油泵工程图绘制

1. 实践内容

(1) 绘制图 9-16 到图 9-24 所示零件图 (A4 幅面)；

(2) 完成图 9-15 所示的"齿轮油泵"装配工程图 (A3 幅面)；

(3) 打印一套"齿轮油泵"工程图纸。

2. 实践步骤

(1) 打开 AutoCAD，设置图层、线型、线宽等，线型显示符合国家制图标准，设置文字样式和尺寸样式 (可使用样板文件)；

(2) 查阅国家制图标准,绘制 A4 图纸 (横放九张)，绘制并填写标题栏 (可调用图块)；

(3) 绘制图 9-16 到图 9-24 所示的零件图并完成工程标注；

(4) 读懂图 9-15 所示的"齿轮油泵"装配工程图，熟悉"齿轮油泵"的工作原理和各零件之间的装配关系；

(5) 绘制 A3 图纸 (横放) 幅面线和边框线，绘制并填写标题栏 (可调用图块)；

(6) 关闭尺寸标注图层，将零件图复制到装配图图框内 (可生成图块)，按照图 9-15 进行零件装配和图形修改；

(7) 查阅标准件技术手册，确定标准件 (螺钉、螺母、垫圈、键、销) 尺寸并按照规定画法进行绘图，螺纹紧固件可以按比例画法进行绘制，或直接调用标准件图库；

(8) 标注装配图中尺寸；

(9) 标注零件序号，绘制并填写明细表；

(10) 打印装配图和零件图，退出 AutoCAD。

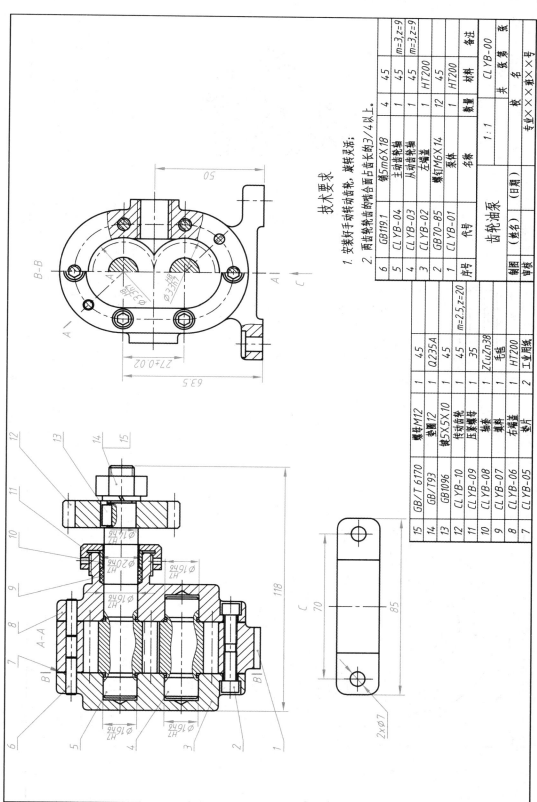

图 9-15　"齿轮油泵"装配工程图

技术要求

1. 安装好手动转动齿轮,减转灵活;
2. 两齿轮轮齿的啮合面占齿长的3/4以上。

序号	代号	名称	数量	材料	备注
6	GB119.1	销5m6X18	4	45	
5	CLYB-04	主动齿轮轴	1	45	m=3,z=9
4	CLYB-03	从动齿轮轴	1	45	m=3,z=9
3	CLYB-02	左端盖	1	HT200	
2	GB70-85	螺钉M6X14	12	45	
1	CLYB-01	泵体	1	HT200	

齿轮油泵　CLYB-00　共　张第　张

15	GB/T 6170	螺母M12	1	45	
14	GB/T93	垫圈12	1	Q235A	
13	GB1096	键5X5X10	1	45	
12	CLYB-10	传动齿轮	1	45	m=2.5,z=20
11	CLYB-09	压紧螺母	1	35	
10	CLYB-08	轴套	1	ZCuZn38	
9	CLYB-07	填料	1	毛毡	
8	CLYB-06	右端盖	1	HT200	
7	CLYB-05	垫片	2	工业用纸	

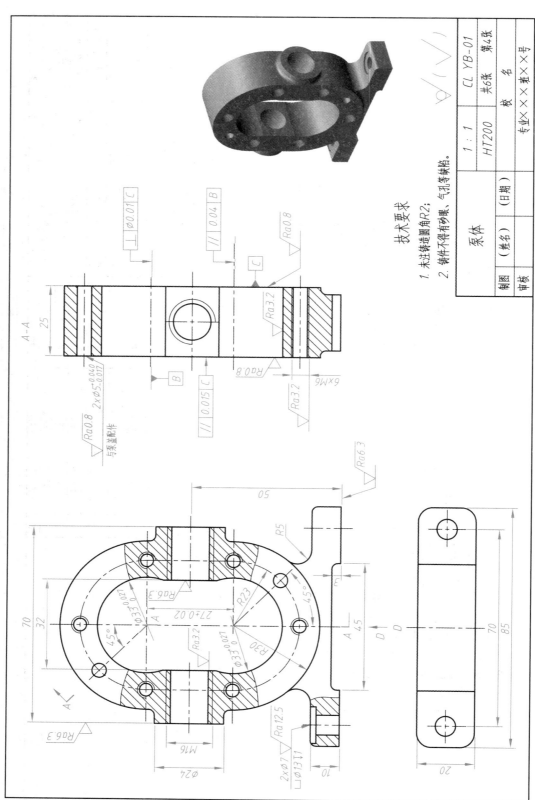

图 9-16 "泵体"零件图

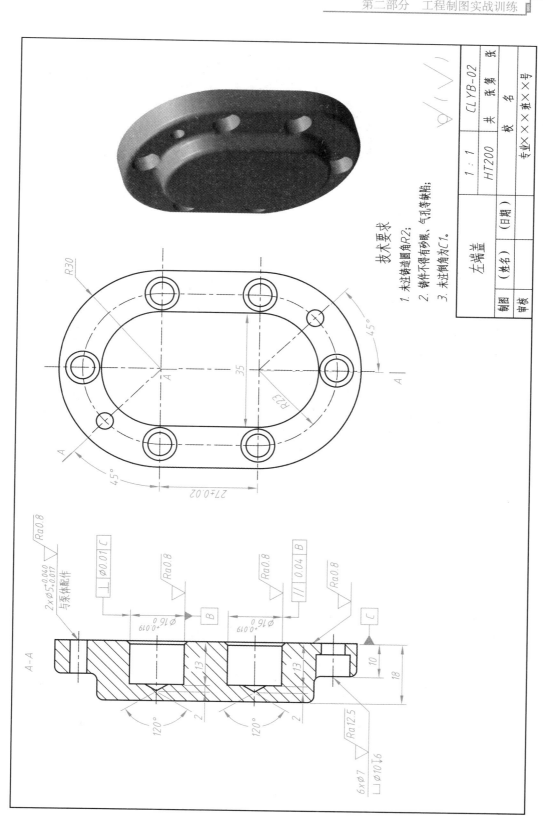

图 9-17　"左端盖" 零件图

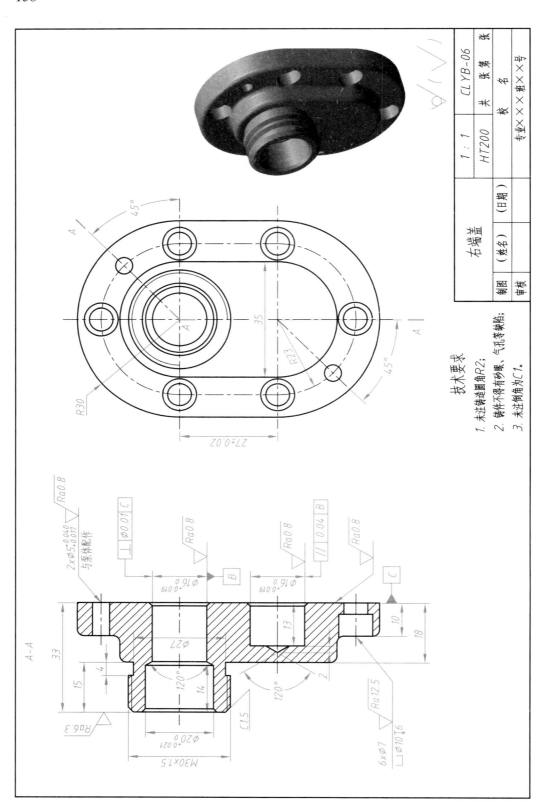

图 9-18 "右端盖" 零件图

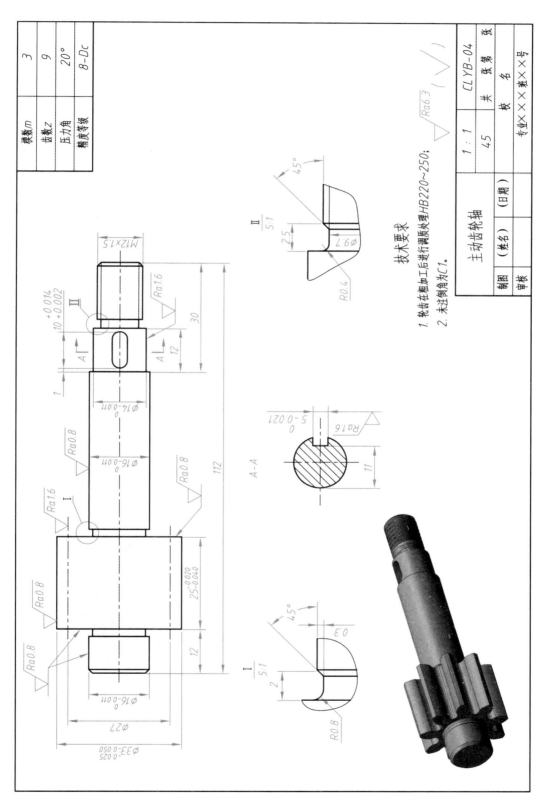

模数 m	3
齿数 z	9
压力角	20°
精度等级	8-Dc

技术要求

1. 轮齿在粗加工后进行调质处理 HB220~250；
2. 未注倒角为 C1。

$\sqrt{Ra6.3}\ (\sqrt{})$

主动齿轮轴		1:1	CLYB-04
		45	共　张　第　张
制图	（姓名）	（日期）	校 名
审核			专业×××班×× 号

II 5:1
45°
2.5
$\phi 9.7$
R0.4

A-A
$5_{-0.021}^{0}$
$\sqrt{Ra16}$
11

M12×1.5
$\sqrt{Ra1.6}$
$10_{+0.002}^{+0.014}$
30
12
$\phi 14_{-0.011}^{0}$
$\sqrt{Ra0.8}$
$\phi 16_{-0.011}^{0}$
$\sqrt{Ra0.8}$
112
$\sqrt{Ra1.6}$
I
$25_{-0.040}^{-0.020}$
$\sqrt{Ra0.8}$
12
$\phi 16_{-0.011}^{0}$
$\phi 27$
$\phi 33_{-0.050}^{-0.025}$
$\sqrt{Ra0.8}$

I 5:1
45°
2
R0.8
∅3

图 9-19　"主动齿轮轴"零件图

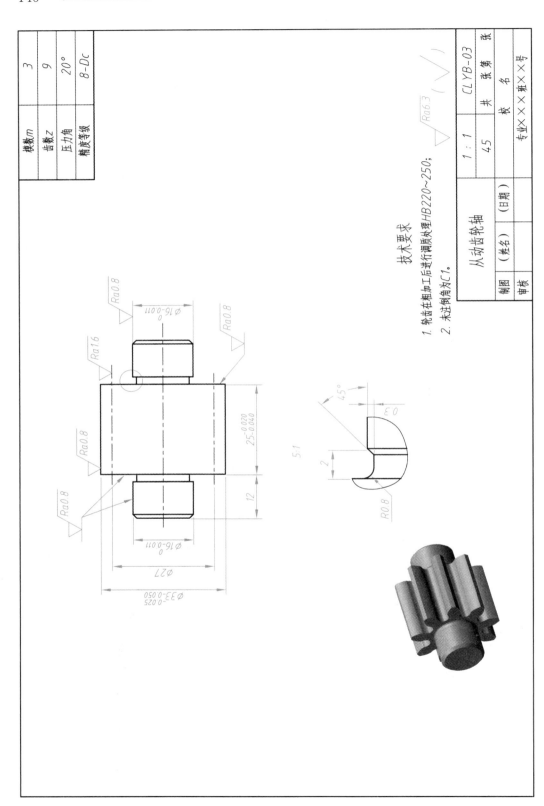

模数 m	3
齿数 z	9
压力角	20°
精度等级	8-Dc

技术要求

1. 轮齿在粗加工后进行调质处理HB220~250;
2. 未注倒角为C1。

$\sqrt{Ra0.8}$ $\sqrt{Ra0.8}$ $\sqrt{Ra1.6}$ $\sqrt{Ra0.8}$ $\sqrt{Ra0.8}$

$\phi16^{0}_{-0.011}$
$\phi16^{0}_{-0.011}$
$25^{-0.020}_{-0.040}$
12
$\phi27$
$\phi33^{-0.025}_{-0.050}$

$45°$
0.3
2
$5:1$
$R0.8$

$\sqrt{Ra63}$ $\sqrt{}$

		1:1	CLYB-03
		45	共 张 第 张
			名 校
从动齿轮轴			专业×××班××号
制图	(姓名)		
审核	(日期)		

图 9-20 "从动齿轮轴" 零件图

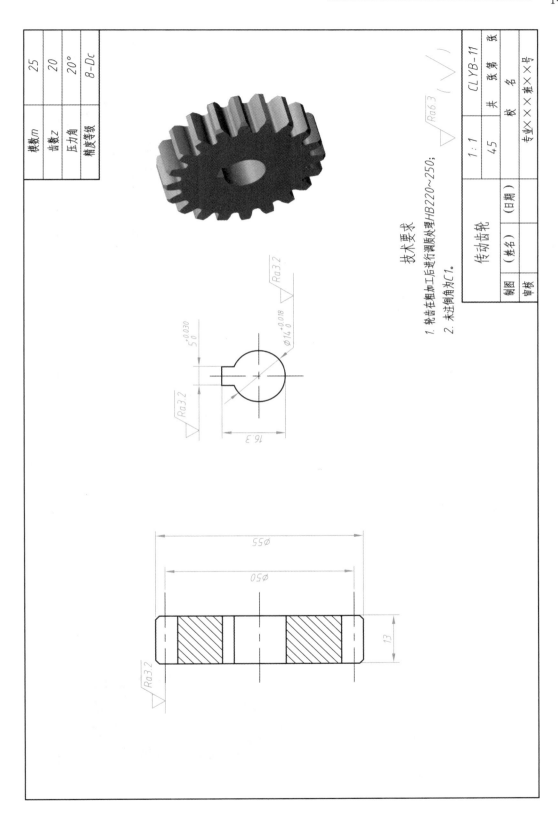

模数m	25
齿数z	20
压力角	20°
精度等级	8-Dc

技术要求

1. 轮齿在粗加工后进行调质处理HB220~250;

2. 未注倒角为C1。

$\sqrt{Ra6.3}$ ($\sqrt{}$)

传动齿轮		1:1	CLYB-11
		4.5	共 张 第 张
		校 名	专业×××班××号
制图	(姓名)	(日期)	
审核			

图 9-21 "传动齿轮" 零件图

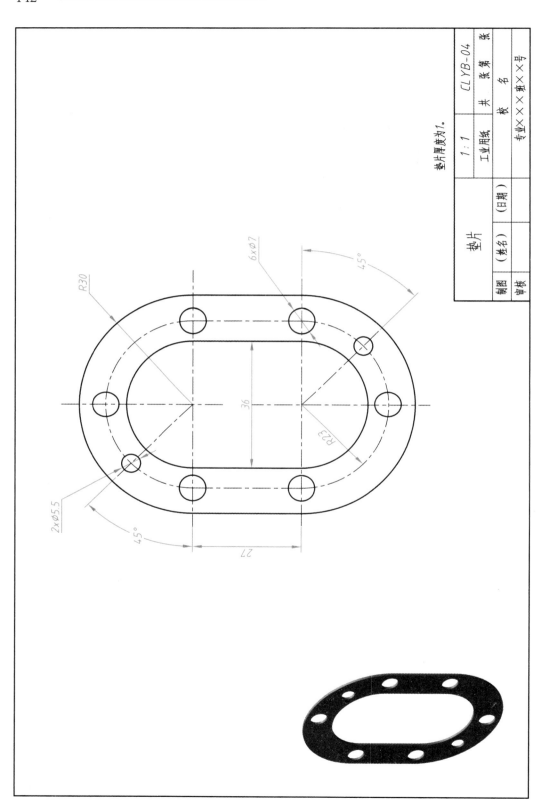

图 9-22　"垫片"零件图

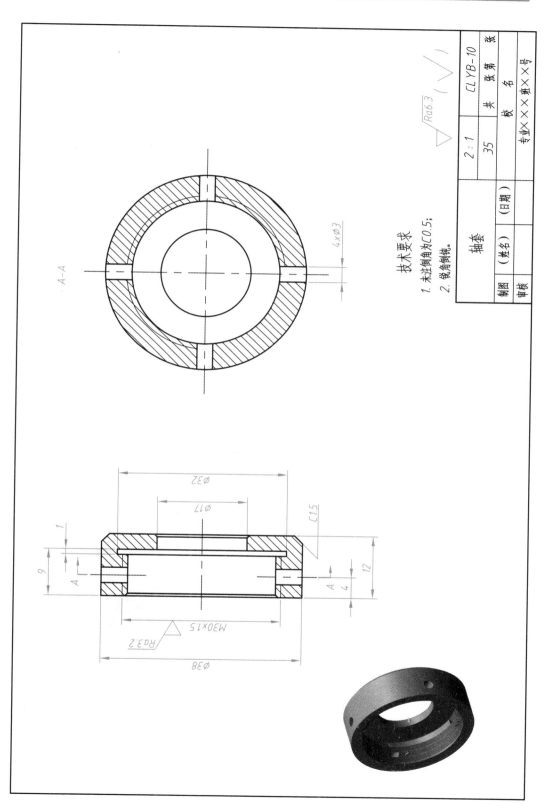

	2:1	CLYB-10	张
	35	共　张　第	名
轴套	（日期）	校	
		专业×××班××号	
制图	（姓名）		
审核			

$\sqrt{Ra6.3}$ （　）

技术要求
1. 未注倒角为C0.5;
2. 锐角倒钝。

图 9-23　"压紧螺母" 零件图

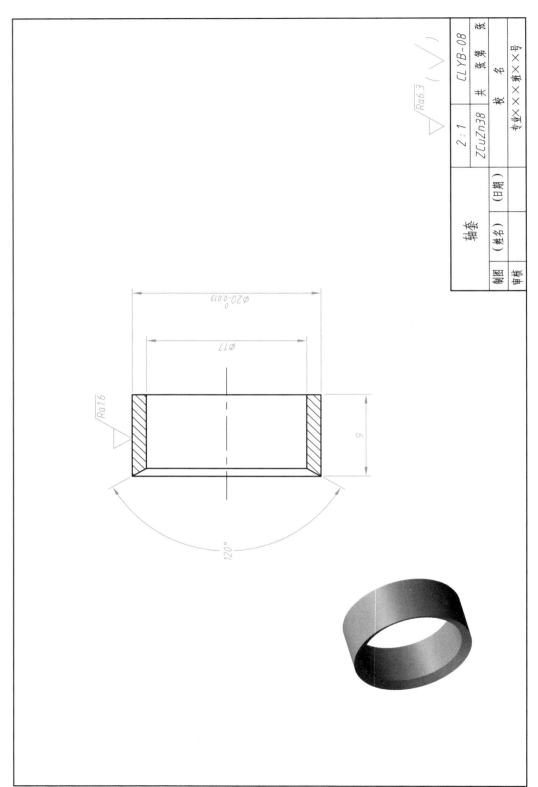

图 9-24 "轴套"零件图

3. 实践目标

(1) 具备使用 AutoCAD 软件绘制装配图的能力；

(2) 具备查阅相关技术手册，确定标准件尺寸的能力；

(3) 通过实践训练掌握装配图的绘图技巧和标注方法；

(4) 提高装配图的读图能力，具备运用工程语言进行沟通交流的能力；

(5) 培养创新精神，认识创新是高质量发展的动力来源，树立民族自信心。

第 10 章　机件表达实践训练

正确合理地确定零件图和装配图的表达方案是工程制图的教学难点，也是绘制零件图和装配图的前提。零件图的视图选择主要考虑正确、完整、清晰地表示零件上每一部分的形状和位置，符合国家制图标准规定，便于读图。由于各类零件的结构特点、加工方法、安装位置相差甚远，因此表达方案各不相同。装配图的视图选择主要考虑表达部件或机器的工作原理、装配关系、装配体的内外部结构以及零件的主要形状结构，除了遵守基本的视图表达规则之外，还依靠其特有的画法来保证装配图的表达要求。

10.1　典型零件的视图选择

1. 主视图的选择

主视图是一组视图的核心，是表达零件形状的主要视图。主视图选择恰当与否，将直接影响整个表达方法和其他视图的选择。因此，确定零件的表达方案，首先应选择主视图。主视图的选择应从零件的形状特征、加工位置、工作位置等方面来考虑，选择最能反映零件形状特征又便于看图加工的方向作为主视图的投射方向。

主视图的选择应考虑以下原则：

形状特征原则：主视图应能充分反映零件的结构形状。

加工位置原则：主视图按照零件在机床上加工时的装夹位置放置，应尽量与零件主要加工工序中所处的位置一致。例如：加工轴、套、圆盘类零件，大部分工序是在车床和磨床上进行的，为了使工人在加工时读图方便，主视图应将其轴线水平放置。

工作位置原则：主视图按照零件在机器中工作的位置放置，以便把零件和整个机器的工作状态联系起来。对于叉架类、箱体类零件，由于需要经过多种工序加工，且各工序的加工位置也往往不同，故主视图应选择工作位置，以便与装配图对照起来读图，想象出零件在部件中的位置和作用。如果零件的工作位置是斜的，不便按工作位置放置，而加工位置较多，又不便按加工位置放置，这时可将它们的主要部分放正，按自然安放位置放置，以利于布图和标注尺寸。

2. 其他视图的选择

由于零件的形状各不相同，在具体选择零件的主视图时，除考虑上述因素外，还要综合考虑其他视图选择的合理性。主视图选定之后，应根据零件结构形状的复杂程度，合理选择其他视图完善零件结构的表达，使每一个视图都具有其表达的重点和必要性。

　　针对主视图未表达清楚的部分，优先选择基本视图，并根据零件内部形状等，选取相应的剖视图。对于尚未表示清楚的零件局部形状，则可选择局部视图、局部剖视图、断面图、局部放大图等。

　　对于同一个零件，特别是结构形状比较复杂的零件，可选择不同的表达方案，进行分析比较，最后确定一个较好的方案。所选的每个视图都必须具有独立存在的意义及明确的表示重点，并应相互配合、彼此互补。既要防止视图数量过多、表达松散，又要避免将表达方法过多集中在一个视图上。其他视图的选择，除了要求把零件各部分的形状和它们的相互关系完整地表达出来外，还应该做到便于读图，尽量避免使用虚线。

3. 轴套类零件的视图选择

　　轴套类零件一般在车床和磨床上加工，按加工位置确定主视图，轴线水平放置，键槽和孔结构可以朝前。轴套类零件主要结构形状是回转体，一般只画一个主视图来表示各轴段的长度、直径及各种结构的轴向位置。

　　实心轴主视图以显示外形为主，对于套筒零件主视图一般采用剖视图来表达其内部结构。轴套类零件上的孔、槽、凹坑可采用局部剖视图表达。键槽等结构需画出移出断面图，这样既能清晰表达结构细节，又有利于尺寸和技术要求的标注。当轴较长时，可采用断开后缩短绘制的画法。必要时，有些细部结构可用局部放大图表达。

4. 轮盘类零件的视图选择

　　轮盘类零件的毛坯有铸件或锻件，机械加工以车削为主。对于圆盘零件，主视图一般将中心轴线水平放置，与车削、磨削时的加工状态一致，主视图符合加工位置原则，便于加工者读图。表达方法通常采用全剖视图（单一剖或旋转剖）。对于非圆盘零件，主视图一般符合工作位置原则，根据零件的结构特点，主视图具有对称面时，可作半剖视；无对称面时，可作全剖或局部剖视。

　　一个基本视图不能完整表达轮盘类零件的内外结构，所以必须增加其他视图。零件上的孔、槽的分布情况可以添加另一视图表达。某些局部细节需用局部放大图表示。其他结构形状如轮辐和肋板等可用移出断面或重合断面，也可用简化画法。

5. 叉架类零件的视图选择

　　叉架类零件的加工位置较难区别主次，主视图一般按工作位置放置，当工作位置倾斜或不固定时，可将主视图摆正放置，主视图的投射方向主要考虑其形状特征。

　　叉架类零件的其他基本视图大多用局部剖视图，兼顾表达叉架类零件的内、外结构形状。通常需要两个或两个以上的基本视图，由于有形状倾斜的结构，仅用基本视图往往不能完整表达真实形状，常用斜视图、局部视图等表达方法。对连接板或肋板结构可用移出断面或重合断面来表示。

6. 箱体类零件的视图选择

　　箱体类零件的结构比较复杂，加工位置较多，为了清楚地表达其复杂的内、外结构和形状，所采用的视图较多。箱体类零件的功能特点决定了其结构和加工要求的重点在于内腔，所以大量地采用剖视画法。在选择主视图时，主要考虑其内外结构特征和工作位置。

　　其他视图可选择基本视图、剖视图等多种形式来表达零件的内部和外部结构。在结构表达清楚的基础上，尽量减少视图数量，便于绘图和读图。

10.2 典型零件表达综合实践

10.2.1 轴套类零件表达综合实践

1. 实践内容

(1) 分析图 10-1 所示 "主动轴" 的结构特点，选择合理的表达方案；

图 10-1 "主动轴" 结构图

(2) 按照图 10-2 所示的结构尺寸和技术要求，绘制并打印 "主动轴" 零件工程图。

说明：
1. 图中未注倒角为 C1；
2. 轴上键槽和越程槽尺寸查表标注；
3. 未注表面粗糙度 Ra 值为 6.3；
4. Φ24h6 圆柱体轴线与 Φ18f7 圆柱体轴线的同轴度公差值为 Φ0.05。

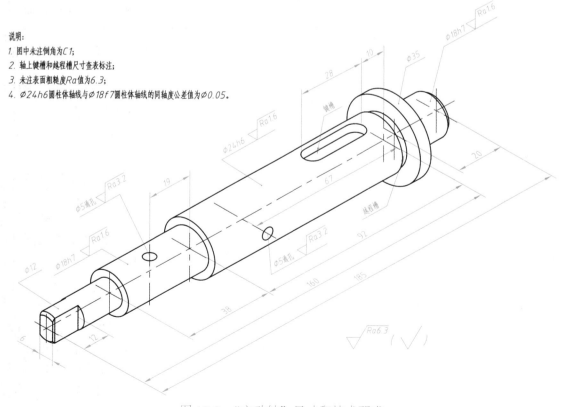

图 10-2 "主动轴" 尺寸和技术要求

2. 实践步骤

(1) 分析图 10-1 所示"主动轴"的结构特点，选择主视图投影方向和表达方法；

(2) 选择其他视图的数量和表达方法，确定"主动轴"零件工程图的视图表达方案；

(3) 根据视图数量和尺寸大小，选择适当的绘图比例，确定图幅大小。

(4) 打开 AutoCAD，设置图层、线型、线宽等，线型显示符合国家制图标准，设置文字样式和尺寸样式 (可使用样板文件)；

(5) 查阅国家制图标准，绘制图纸幅面线和边框线，绘制并填写标题栏 (可调用图块)；

(6) 查阅相关技术手册，确定标准结构 (键槽和越程槽) 的尺寸；

(7) 绘制零件图并进行尺寸标注；

(8) 标注零件表面要求和几何公差；

(9) 根据图 10-2 中的"说明"内容，确定并注写技术要求；

(10) 存盘并打印，退出 AutoCAD。

3. 实践目标

(1) 具备根据零件结构特点，合理确定轴套类零件表达方案的能力；

(2) 具备使用 AutoCAD 软件正确绘制轴套类零件图的能力；

(3) 具备查阅相关技术手册，确定零件标准化结构尺寸的能力，如键槽、越程槽等；

(4) 提高轴套类零件的表达能力，具有运用工程语言进行沟通交流的能力；

(5) 理解各个视图之间的表达关系，培养全局意识和大局观。

10.2.2　轮盘类零件表达综合实践

1. 实践内容

(1) 分析图 10-3 所示"压盖"的结构特点，选择合理的表达方案；

图 10-3　"压盖"结构图

(2) 按照图 10-4 所示的结构尺寸和技术要求，绘制并打印"压盖"零件工程图。

2. 实践步骤

(1) 分析图 10-3 所示"压盖"的结构特点，选择主视图投影方向和表达方法；

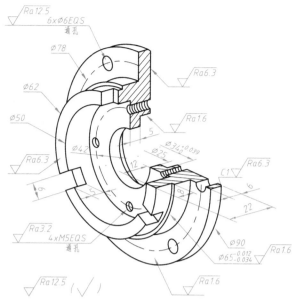

图 10-4 "压盖"尺寸和表面要求

(2) 选择其他视图的数量和表达方法，确定"压盖"零件工程图的视图表达方案；

(3) 根据视图数量和尺寸大小，选择适当的绘图比例，确定图幅大小。

(4) 打开 AutoCAD，设置图层、线型、线宽等，线型显示符合国家制图标准，设置文字样式和尺寸样式 (可使用样板文件)；

(5) 查阅国家制图标准，绘制图纸幅面线和边框线，绘制并填写标题栏 (可调用图块)；

(6) 查阅相关技术手册，确定标准结构 (螺纹) 的尺寸；

(7) 绘制零件图并进行尺寸标注；

(8) 标注零件表面要求和尺寸公差；

(9) 存盘并打印，退出 AutoCAD。

3. 实践目标

(1) 具备根据零件结构特点，合理确定轮盘类零件表达方案的能力；

(2) 具备使用 AutoCAD 软件正确绘制轮盘类零件图的能力；

(3) 具备查阅相关技术手册，确定零件标准化结构尺寸的能力；

(4) 提高轮盘类零件的表达能力，具有运用工程语言进行沟通交流的能力；

(5) 体会实践出真知训练过程，提升学习兴趣和专业自信。

10.2.3 叉架类零件表达综合实践

1. 实践内容

(1) 分析图 10-5 所示"支架"的结构特点，选择合理的表达方案；

图 10-5 "支架"结构图

(2) 按照图 10-6 所示的结构尺寸和技术要求，绘制并打印"支架"零件工程图。

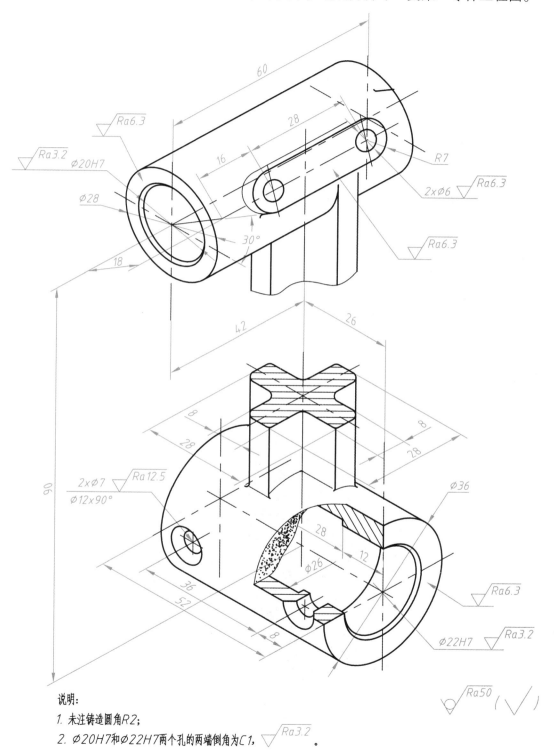

说明：

1. 未注铸造圆角R2；

2. Ø20H7和Ø22H7两个孔的两端倒角为C1，

图 10-6 　"支架"尺寸和技术要求

2. 实践步骤

(1) 分析图 10-5 所示"支架"的结构特点，选择主视图投影方向和表达方法；

(2) 选择其他视图的数量和表达方法，确定"支架"零件工程图的视图表达方案；

(3) 根据视图数量和尺寸大小，选择适当的绘图比例，确定图幅大小。

(4) 打开 AutoCAD，设置图层、线型、线宽等，线型显示符合国家制图标准，设置文字样式和尺寸样式 (可使用样板文件)；

(5) 查阅国家制图标准，绘制图纸幅面线和边框线，绘制并填写标题栏 (可调用图块)；

(6) 绘制零件图并进行尺寸标注；

(7) 标注零件表面要求和尺寸公差；

(8) 根据图 10-6 中的"说明"内容，确定并注写技术要求；

(9) 存盘并打印，退出 AutoCAD。

3. 实践目标

(1) 具备根据零件结构特点，合理确定叉架类零件表达方案的能力；

(2) 具备使用 AutoCAD 软件正确绘制叉架类零件图的能力；

(3) 提高叉架类零件的表达能力，具有运用工程语言进行沟通交流的能力；

(4) 通过零件的表达与绘图过程，培养严谨细致的敬业精神。

10.2.4　箱体类零件表达综合实践

1. 实践内容

(1) 分析图 10-7 所示"箱体"的结构特点，选择合理的表达方案；

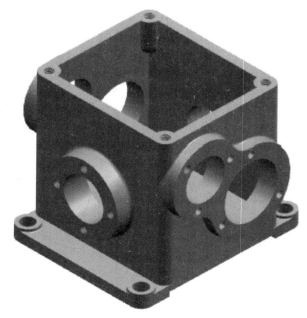

图 10-7　"箱体"结构图

(2) 按照图 10-8 所示的结构尺寸和技术要求，绘制并打印"箱体"零件工程图。

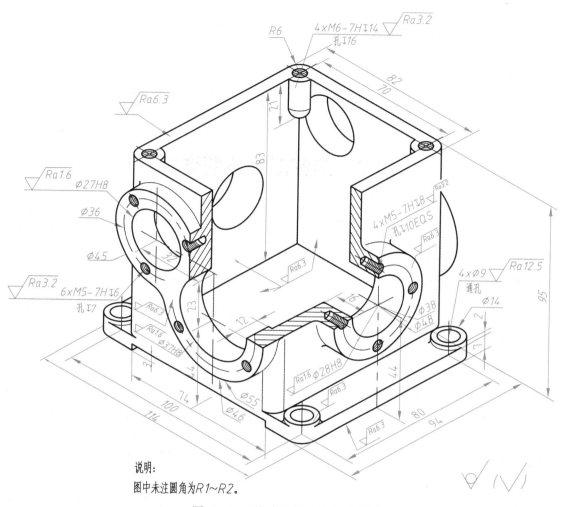

图 10-8　"箱体"尺寸和技术要求

2. 实践步骤

(1) 分析图 10-7 所示"箱体"结构特点，选择主视图投影方向和表达方法；

(2) 选择其他视图的数量和表达方法，确定"箱体"零件工程图的视图表达方案；

(3) 根据视图数量和尺寸大小，选择适当的绘图比例，确定图幅大小。

(4) 打开 AutoCAD，设置图层、线型、线宽等，线型显示符合国家制图标准，设置文字样式和尺寸样式 (可使用样板文件)；

(5) 查阅国家制图标准，绘制图纸幅面线和边框线，绘制并填写标题栏 (可调用图块)；

(6) 查阅相关技术手册，确定标准结构 (螺纹) 的尺寸；

(7) 绘制零件图并进行尺寸标注；

(8) 标注零件表面要求和尺寸公差；

(9) 根据图 10-8 中的"说明"内容，确定并注写技术要求；

(10) 存盘并打印，退出 AutoCAD。

3. 实践目标

(1) 具备根据零件结构特点，合理确定箱体类零件表达方案的能力；

(2) 具备使用 AutoCAD 软件正确绘制箱体类零件图的能力；

(3) 具备查阅相关技术手册，确定零件标准化结构尺寸的能力；

(4) 提高箱体类零件的表达能力，具有运用工程语言进行沟通交流的能力；

(5) 通过复杂零件的表达与绘图过程，培养勇于探索、不畏艰难的钻研精神。

10.3 装配图的视图选择

　　装配图的表达与零件图的表达目的和方法之间的共同点是都要反映机件内外部的结构和形状，因此，零件图的各种表达方法和选用原则不仅适用于零件图，也完全适用于装配图。但是，零件图和装配图之间还有许多不同点，零件图表达的是单个零件，重点是要准确描述零件的结构形状和尺寸大小，为生产加工提供依据。而装配图所要描述的重点是装配体的工作原理、装配关系等内容，没有必要将每个零件的形状结构都完全表达清楚，因此，在进行视图表达时除了遵守基本的投影规则和剖视规则之外，装配图还有其特有的规定画法和特殊画法。

1. 装配图的规定画法

1) 关于接触面（配合面）与非接触面的画法

　　装配图中相邻两零件的接触面或公称尺寸相同的配合面，规定只画一条线表示其公共轮廓。比如，间隙配合即使间隙较大也必须画一条线；相邻零件的非接触面或非配合面，应画两条线表示各自的轮廓，即使间隙很小也必须画两条线，必要时允许适当夸大。

2) 关于剖面线的画法

　　在装配图的剖视或剖面图中，会出现多个零件相邻的情况，为了增加看图的清晰度，对装配图的剖面线作图规定如下：相邻两零件的剖面线应方向相反或方向相同但间隔不同，如果两个以上零件相邻，可改变零件剖面线的间隔来区分不同的零件。在同一张图纸中，如果同一零件在不同的图形中都有剖视或剖面，其剖面线的方向应保持一致。

3) 关于标准件和实心零件的画法

　　在装配图中，对于标准件（螺栓、螺柱、螺钉、螺母、垫圈、键、销等）或实心零件（如轴、连杆、球体等），如果纵向剖切，且剖切面通过其对称中心线或轴线时，这些零件均按不剖绘制。如果剖切面垂直这些零件的对称线或轴线横向剖断，则剖面线正常绘制。

2. 装配图的特殊画法

1) 拆卸画法

　　在装配图表达过程中，在某一方向出现零件投影重叠，遮挡住想要表达的结构或装配关系而影响表达效果时，可以假想将挡的一个或几个零件拆卸进行画图。但应注意的是，在该图上方必须注写"拆去 ×× 等"字样。

2) 沿零件结合面的剖切画法

该画法是指在必要时允许假想沿着两个零件的结合面进行剖切绘制剖视图，来表达装配体的内部结构，此时零件的结合面不画剖面线，被剖切到的其他零件的剖面线应正常绘制。

3) 假想画法

假想画法主要用来表示机器或部件中的运动零件或操作手柄等的运动范围或极限位置，还可以表示与本装配体有装配或安装关系但又不属于本装配体的相邻辅助零件。假想画法表达的辅助零件用细双点画线画出，零件的剖面区域不画剖面线。

4) 夸大画法

对于薄片零件、细丝弹簧、微小的间隙以及较小的斜度和锥度等结构，当无法按照绘图比例画出或虽能画出但表达不明显时，可不按比例将其适当夸大画出。

5) 简化画法

在装配图中，零件的工艺结构如倒角、倒圆、退刀槽等可以不画。若干相同的零件组（如螺栓连接等），可以只画出一组，其余各处只画出点画线表示其装配位置即可。在剖视图或剖面图中，若零件的厚度或直径小于 2 mm，允许用涂黑表示剖面符号。

3. 装配图的视图选择步骤和方法

装配图表达的重点是清晰地反映机器或部件的工作原理、装配线关系及各零件的主要结构形状，而不侧重表达每个零件的全部结构。选择装配图表达方案时，应在满足上述表达重点的前提下，力求使绘图和读图简便。

1) 分析表达对象，明确表达内容

一般从实物和有关资料了解机器或部件的作用、性能、使用场合和工作原理，仔细分析各零件的结构特点以及装配关系，明确所要表达的具体内容。

2) 主视图的选择

通常选择最能反映机器或部件的工作原理、传动系统、零件间主要的装配关系和主要结构特征的方向作为主视图的投射方向。但由于机器或部件的种类繁多，结构特点各不相同，并不是都用主视图来表达上述要求。一般应选择机器或部件的工作位置作为主视图方向。通常沿主要装配干线或主要传动路线的轴线剖切，以剖视图来反映工作原理和装配关系，并兼顾考虑是否适宜采用特殊画法或简化画法。

3) 其他视图的选择

主视图确定后，还要选择适当的其他视图来补充表达机器或部件的工作原理、装配关系和零件的主要结构形状。一般应考虑以下要求：视图数量要依机器或部件的复杂程度而定，在满足表达重点的前提下，尽量减少视图数量，同时要适当考虑有利于合理布置图形和充分利用幅面；应优先选用基本视图，并取适当剖视补充表达有关内容；要充分利用机器或剖件装配图的各种表达方法（特殊画法和规定画法），每个视图都要有明确目的和表达重点，避免对同一内容重复表达。

10.4 装配图综合实践

1. 实践内容

(1) 分析图 10-9 所示的"回油阀"部件装配体的结构特点，参照图 10-10 所示的"回油阀"装配示意图和工作原理，确定"回油阀"的表达方案；

图 10-9 "回油阀"装配结构图

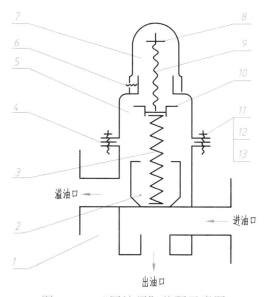

图 10-10 "回油阀"装配示意图

(2) 绘制图 10-11 到图 10-18 零件图和"回油阀"装配工程图。

(3) 打印一套"回油阀"工程图纸。

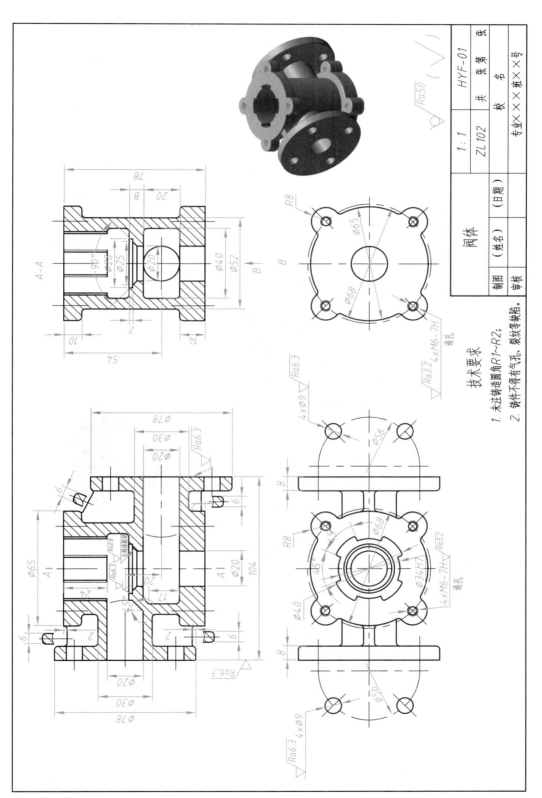

图 10-11 "阀体" 零件图

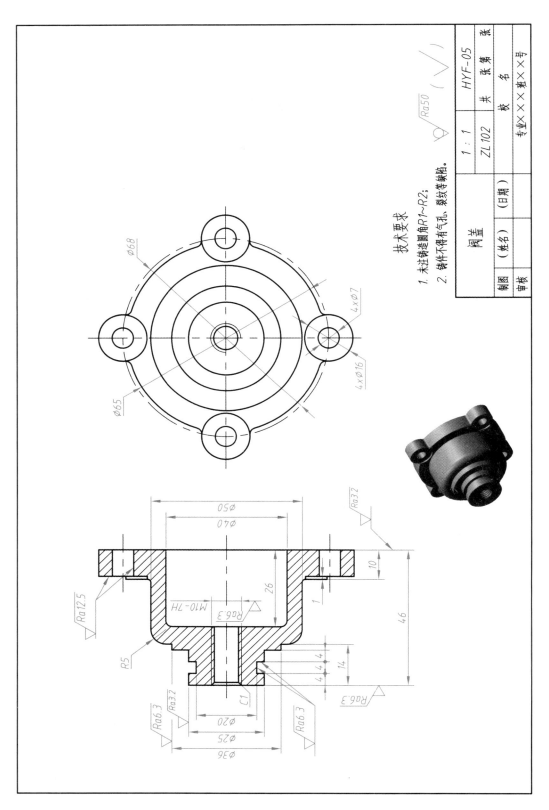

技术要求
1. 未注铸造圆角R1~R2；
2. 铸件不得有气孔、裂纹等缺陷。

图 10-12 "阀盖" 零件图

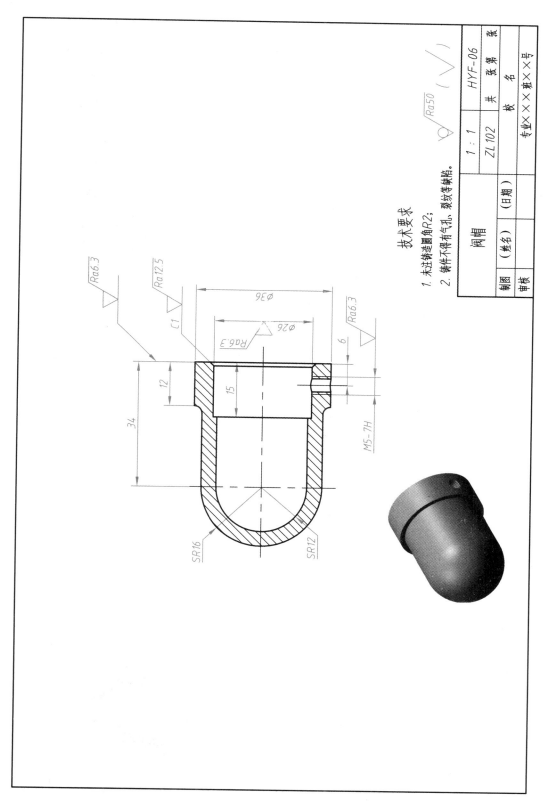

图 10-13　"阀帽" 零件图

R2

R8

4×∅7

∅68

∅65

∅40

$\sqrt{Ra6.3}$

垫片厚度为2。

垫片		1 : 1	HYF-04
		3001	共 张 第 张
	(姓名)	(日期)	
制图		校	
审核		专业×××班××号	

图10-14 "垫片"零件图

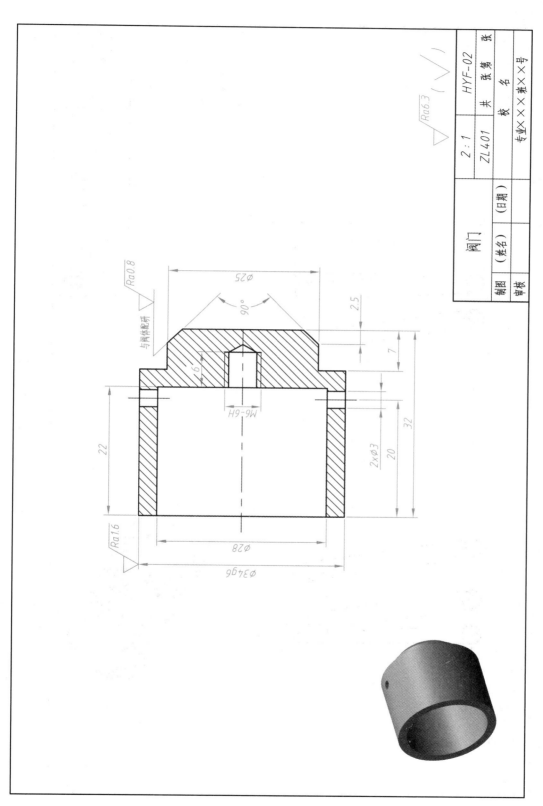

图 10-15 "阀门"零件图

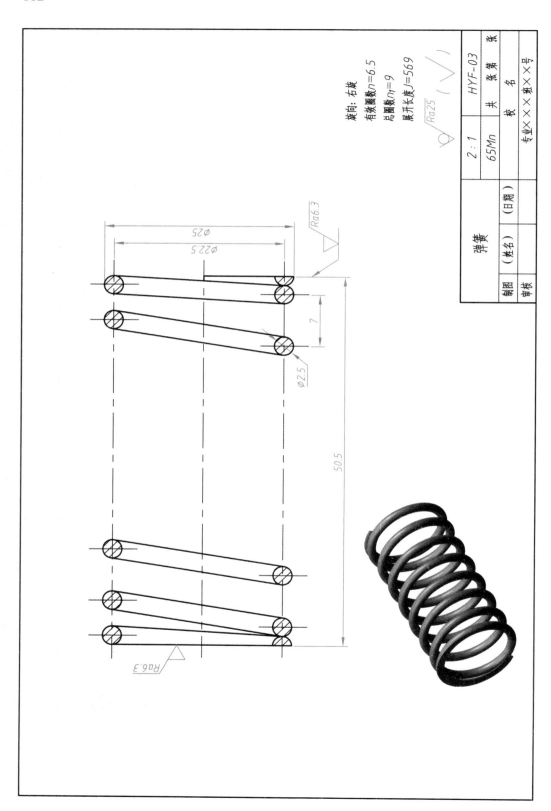

旋向: 右旋
有效圈数n=6.5
总圈数n₁=9
展开长度J=569

$\sqrt{Ra25}$ $(\sqrt{\quad})$

	2:1	HYF-03	张
	65Mn	共 张 第	名
		校	班××号
弹簧			
	(日期)		
	(姓名)	专业××××	
制图			
审核			

Ra6.3

φ25
φ22.5
Ø2.5
7
50.5

Ra6.3

图 10-16 "弹簧" 零件图

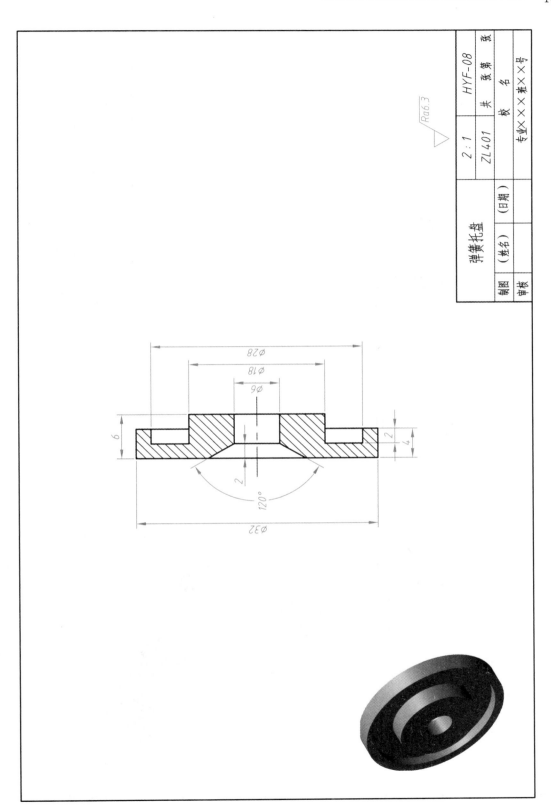

图 10-17 "弹簧托盘"零件图

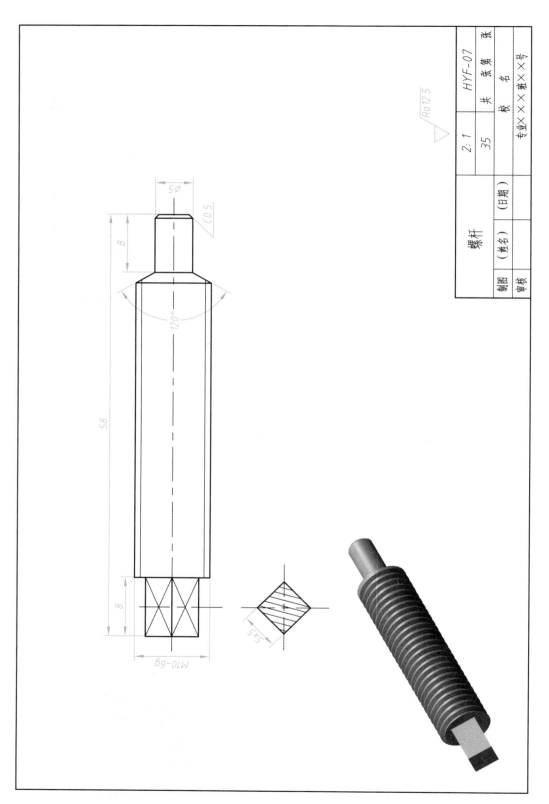

图 10-18 "螺杆"零件图

2. 实践步骤

(1) 分析图 10-9 所示"回油阀"结构特点和工作原理，选择主视图投影方向和表达方法；

(2) 选择其他视图的数量和表达方法，确定"回油阀"装配图的视图表达方案；

(3) 根据视图数量和尺寸大小，选择适当的绘图比例，确定图幅大小。

(4) 打开 AutoCAD，设置图层、线型、线宽等，线型显示符合国家制图标准，设置文字样式和尺寸样式 (可使用样板文件)；

(5) 查阅国家制图标准，绘制图纸幅面线和边框线，绘制并填写标题栏 (可调用图块)；

(6) 绘制图 10-11 到图 10-18 所示的零件图并完成工程标注 (比例 1：1，图幅自定)；

(7) 关闭尺寸标注图层，将零件图复制到装配图图框内 (可生成图块)；

(8) 按照装配关系进行零件装配和图形修改；

(9) 查阅标准件技术手册，确定标准件 (螺钉、螺柱、螺母、垫圈) 尺寸并按照规定画法进行绘图，也可以按比例画法进行绘制，或直接调用标准件图库；

(10) 分析并标注装配图尺寸 (规格、配合、装配、安装、总体尺寸等)；

(11) 标注零件序号，绘制并填写明细表；

(12) 打印装配图和零件图，退出 AutoCAD。

3. 实践目标

(1) 具备根据装配体结构特点和工作原理，合理确定装配图表达方案的能力；

(2) 具备使用 AutoCAD 软件正确绘制装配图的能力；

(3) 具备查阅相关技术手册，确定标准件尺寸的能力；

(4) 提高装配图的表达能力，具备运用工程语言进行沟通交流的能力；

(5) 感受科技力量，提升实践意识，树立文化自信，培养社会责任感。

回油阀的工作原理：

回油阀是油路上的调压部件。正常情况下，阀门在弹簧的压力下处于关闭状态，油从右端进油口流入，从下面的出油口流出。当油路油压升高，阀门下底面的压力超过弹簧的张力时，阀门被向上顶开，一部分油从左侧溢流口流回油箱，油路中的油压随之降低，以保证油路安全。当油压与弹簧张力相等时，阀门关闭。

图 10-10 所示回油阀零件明细如表 10-1 所示。

表 10-1　回油阀零件明细

序号	代号	名称	数量	材料	备注
1	HYF-01	阀体	1	ZL102	
2	HYF-02	阀门	1	ZL401	
3	HYF-03	弹簧 YA 2.5×22.5×50.5	1	65Mn	
4	HYF-04	垫片	1	3001	

序号	代号	名称	数量	材料	备注
5	HYF-05	阀盖	1	ZL102	
6	GB/T 75	螺钉 M5×8	1	35	
7	HYF-06	阀帽	1	ZL102	
8	GB/T 6170	螺母 M10	1	35	
9	HYF-07	螺杆	1	35	
10	HYF-08	弹簧托盘	1	ZL401	
11	GB/T 899	螺柱 M6×20	4	35	
12	GB/T 6170	螺母 M6	4	35	
13	GB/T 97.1	垫圈 6	4	65Mn	

附录　项目实践自评表

班级		姓名		学号	
项目名称					
评 价 指 标				分值	得分
知识掌握 (40 分)	1. 熟练使用 AutoCAD 软件命令，精确绘图			10	
	2. 熟悉绘制步骤，能够总结绘图方法和技巧			10	
	3. 正确完成零件图或装配图的工程标注			10	
	4. 熟悉输出和打印专业工程图纸的方法			10	
能力达成 (40 分)	1. 能够熟练运用 AutoCAD 软件正确绘制零件图或装配图			10	
	2. 能够熟练查阅相关技术手册，具备自主学习的能力			10	
	3. 能够读懂或确定零件图和装配图表达方案			10	
	4. 具备运用工程语言进行沟通和交流的能力			10	
职业素养 (20 分)	1. 能够遵守规范和国家标准，具备良好的职业道德素养			5	
	2. 能够独立按时完成项目实践任务，诚实守信			5	
	3. 能够严谨求实、精益求精，具有工匠精神			5	
	4. 能够创造性地运用所学知识和技能，具有创新精神			5	
总分					
自我总结					

参 考 文 献

[1]   张佑林, 卓丽云, 刘江平. 工程制图与 CAD[M]. 北京: 北京航空航天大学出版社,
2021.

[2]   CAD/CAM/CAE 技术联盟. AutoCAD2020 中文版从入门到精通（标准版）[M].
北京： 清华大学出版社，2020.

[3]   唐克中，郑镁. 画法几何及工程制图 [M]. 北京：高等教育出版社，2017.

[4]   许睦旬，徐凤仙，温伯平. 画法几何及工程制图习题集 [M]. 北京：高等教育出
版社，2017.

[5]   李杰，王致坚，陈华江. 机械制图 [M]. 成都：电子科技大学出版社，2020.

[6]   臧宏琦，王永平. 机械制图 [M]. 西安：西北工业大学出版社，2013.

[7]   叶军，雷蕾. 机械制图 [M]. 西安：西北工业大学出版社，2013.

[8]   孙根正，王永平. 工程制图基础 [M]. 北京：高等教育出版社，2010.